科学发展
跨越前进

——党的十七大以来我国测绘地理信息事业辉煌成就

国家测绘地理信息局　编

测绘出版社

·北京·

图书在版编目(CIP)数据

科学发展　跨越前进 ：党的十七大以来我国测绘地理
信息事业辉煌成就 / 国家测绘地理信息局编. —北京 ：测绘出版社，2012.9
　ISBN 978-7-5030-2709-3

　Ⅰ．①科… 　Ⅱ．①国… 　Ⅲ. ①地理信息系统－测绘工作－成就－中国 　Ⅳ．①P205

中国版本图书馆CIP数据核字(2012)第223840号

责任编辑　余易举　　编辑　李　莹　　封面设计　王晓菊　　责任校对　董玉珍

出版发行	测绘出版社	电　话	010-83060872（发行部）
地　址	北京市西城区三里河路50号		010-68531609（门市部）
邮政编码	100045		010-68531160（编辑部）
印　刷	中国人民解放军第1206工厂	电子邮箱	smp@sinomaps.com
成品规格	185mm×260mm	网　址	www.chinasmp.com
印　张	13.25	字　数	309千字
版　次	2012年9月第1版	印　次	2012年9月第1次印刷
印　数	00001—10000	定　价	69.00元

书　号　ISBN 978-7-5030-2709-3/P・611

本书如有印装质量问题,请与我社门市部联系调换。

2009年5月31日，中共中央总书记、国家主席、中央军委主席胡锦涛
同小学生一起用蛋壳粘贴中国地图

2008年5月12日，中共中央政治局常委、国务院总理温家宝
在赶往四川汶川地震灾区的专机上使用地图了解灾情

2009年7月3日，中共中央政治局常委、国务院副总理李克强
参观全国地理信息应用成果及地图展览会

2011年5月23日，中共中央政治局常委、国务院副总理李克强
视察中国测绘创新基地

序言

五年时光，在漫漫历史长河中犹如沧海一粟，好似流星划过夜空般短暂。但对于测绘地理信息事业而言，这五年却是乘势崛起、铸就辉煌的战略机遇期，是实现完美嬗变、华丽转身的黄金发展期。回顾一千八百多个日夜，眼前跃动的是一个个动人心弦的创新音符，耳畔奏响的是一支支余韵悠长的绚丽乐章。

党的十七大以来，全国测绘地理信息系统在党中央、国务院的坚强领导下，在国土资源部党组的正确指导下，高举邓小平理论和"三个代表"重要思想伟大旗帜，坚持以科学发展观为统领，深入贯彻落实胡锦涛、温家宝、李克强等中央领导同志的批示指示精神，紧紧围绕国民经济和社会发展的需求，在固本强基中夯实发展基础，在推陈出新中寻求创新突破，在只争朝夕中实现奋力赶超，取得了举世瞩目的骄人成就。中国测绘创新基地拔地而起、国家地理信息科技产业园破茧而生、国家局实现更名挂牌、"三大平台"建设成效显著、管理体制取得重要突破、基础测绘得到全面加强、应急保障服务贡献突出、科技装备水平明显提高。全国测绘地理信息系统在加快测绘地理信息强国建设的生动实践中，不仅取得了引人注目的伟大成绩，而且积淀凝练了深沉厚重的精神财富，具有浓郁行业特色的"热爱祖国、忠诚事业、艰苦奋斗、无私奉献"的测绘精神，在新阶段被赋予了新的时代内涵。"快、干、好"的务实作风，成为支撑测绘地理信息工作者顽强拼搏的不竭动力。

本书客观真实地展示了党的十七大以来全国测绘地理信息系统在重点工作、重大项目、重要成果、重大活动、人才队伍建设、党的建设和测绘地理信息文化建设等方面取得的具有深远影响和里程碑意义的巨大成就，记录了各级党政领导对测绘地理信息工作的亲切关怀指导以及新时期测绘地理信息工作者的奋斗历程，是一本值得全国测绘地理信息系统仔细研读，对于各地各单位各部门正视成绩和差距，汲取经验和做法，不断激发"比、学、赶、超"的热情，全面推进测绘地理信息事业发展具有重要意义的好书。

成绩凝聚力量，我们要倍加珍惜；使命催人奋进，上下应加倍努力。当前，全国测绘地理信息系统乘全国测绘地理信息局长座谈会之东风，聚精会神谋发展，一心一意搞建设，人气和顺，求新思进，展现了前所未有的良好发展势头。借本书出版之机，向各地各单位各部门取得的突出成就表示热烈的祝贺，向辛勤耕耘在测绘地理信息战线上的广大干部职工表示亲切的问候。望继续抢抓机遇，借势而上，百尺竿头更进一步，以更大的成绩向党的十八大献礼！

国土资源部党组副书记、副部长
国家土地副总督察
国家测绘地理信息局党组书记、局长

徐绍明

2012年8月

领导关怀篇

党的十七大以来党中央国务院领导同志对
　　测绘地理信息工作的重要指示 2
党的十七大以来国务院印发和转发的有关
　　测绘地理信息工作文件目录 8

辉煌成就篇

综　　述 14
重大突破 24
测星飞太空 30
规划计划 34
财政投入 38
依法行政 40
管理体制 44
抢险救灾行 46
公共服务 50
基础测绘 60

装备设施 66
科技进步 68
地图出版 70
产业发展 72
国际交流 76
人才队伍 80
党的建设 86
文化建设 90
社团发展 94
数字城市赋 98

神州风采篇

北　京：推动转型　跨越发展 104
天　津：提升理念　提高水平 106
河　北：求真务实　锐意进取 108
山　西：构建特色　当好先行 110
内蒙古：抓住机遇　谱写新篇 112
辽　宁：夯实基础　加快发展 114
吉　林：振兴吉林　成就可喜 116

目录

黑龙江：立足实际　发展繁荣..............118

上　海：文化引领　全面发展..............122

江　苏：抢抓机遇　开拓进取..............124

浙　江：创新发展　浓墨重彩..............126

安　徽：服务全省　跨越发展..............128

福　建：围绕大局　又好又快..............130

江　西：科学发展　服务崛起..............132

山　东：优化环境　提升服务..............134

河　南：上新台阶　上新水平..............136

纵横天地图..............138

湖　北：引领产业　服务中部..............140

湖　南：服务平台　数字湖南..............142

广　东：数字城市　成效显著..............144

广　西：服务保障　坚强有力..............146

海　南：服务大局　建设宝岛..............148

重　庆：地信服务　全面推进..............152

四　川：以进促稳　领先发展..............154

贵　州：科技引领　推动跨越..............158

云　南：辛勤耕耘　成就辉煌..............160

西　藏：快速发展　多项突破..............162

陕　西：团结奋进　勇攀高峰..............164

甘　肃：能力提升　长足发展..............168

青　海：满足需求　健康发展..............170

宁　夏：解放思想　锐意进取..............172

新　疆：破解难题　再创佳绩..............174

经纬赤子情..............176

新疆生产建设兵团：抓住机遇　成效明显

..............178

青　岛：做好保障　提高能力..............180

大　连：数字大连　助推发展..............182

宁　波：加强力度　保障发展..............184

深　圳：科学管理　服务公众..............186

厦　门：测以致用　全面保障..............188

港澳台：两岸四地　相互交流..............190

美好蓝图篇

展望"十二五"宏伟蓝图..............194

领导关怀 篇

党的十七大以来党中央国务院领导同志对测绘地理信息工作亲切关怀、悉心指导，鼓舞全国广大测绘地理信息职工奋发努力、高歌猛进。

党的十七大以来党中央国务院领导同志对测绘地理信息工作的重要指示

胡锦涛同志对测绘地理信息工作的指示

2008年6月23日，胡锦涛总书记在中国科学院第十四次院士大会和中国工程院第九次院士大会上讲话指出："要加快遥感、地理信息系统、全球定位系统、网络通信技术的应用以及防灾减灾高技术成果转化和综合集成，建立国家综合减灾和风险管理信息共享平台。"

2009年4月21日至22日，胡锦涛总书记到山东省济南、青岛等地，深入企业、港口、社区，就做好保增长、保民生、保稳定进行考察。期间，到东方道迩数字数据技术（北京）有限公司济南分公司考察时讲话指出："我们国家经济社会的发展需要强大的科技支撑，即使在当前国际金融危机影响的情况下，我们还是要把保增长和调结构结合起来，也就是说还要大力支持高新技术产业的发展。要抓住当前的发展机遇，进一步在信息数据处理领域里、在世界上应该有我们的一席之地。感谢你们为安置大学生就业所做的努力。确实今年大学生就业面临着比较大的压力，中央对这个问题十分重视，正在制定一些新的政策措施，但要真正把这个问题解决好，还需要全社会各方面的努力。一方面是为大学生就业提供机会，另外一方面也是为企业的发展储备人才。这些人是宝贵的人力资源，应该充分发挥他们的作用。在当前的形势下，要吸纳更多的大学生就业，也为将来企业更大的发展打下好的基础。"

温家宝同志对测绘地理信息工作的指示

2008年3月，温家宝总理在《政府工作报告》中提出："加强气象、地震、测绘基础研究和能力建设。"

2009年3月，温家宝总理在《政府工作报告》中提出："加强气象、地震、防灾减灾、测绘基础研究和能力建设。"

2009年5月，温家宝总理为中国测绘创新基地亲书"中国测绘"四个大字。

2011年3月，温家宝总理在《政府工作报告》中提出："积极发展地理信息新型服务业态。"

李克强同志对测绘地理信息工作的指示

1. 2008年7月3日下午，中共中央政治局常委、国务院副总理李克强在中南海紫光阁会见了前来北京参加国际会议的国外测绘专家代表。

他说，地理空间技术在中国现代化建设中发挥着重要作用。汶川特大地震发生后，测绘工作者应用航测、遥感和空间定位等先进技术，及时准确掌握灾区状况，为抗震救灾提供了有效的信息保障。中国将加快国家创新体系和信息化建设，推动地理信息资源开发利用，促进经济社会全面协调可持续发展。

李克强说，中国一如既往地支持和平利用地球空间的活动，积极参与国际科学研究和探测计划，进一步加强气候变化、环境保护、防灾减灾等全球共性问题方面的合作，同世界各国一道不断提高认识地球、造福人类的能力和水平，推动建设持久和平、共同繁荣的和谐世界。

2. 2009年1月12日，中共中央政治局常委、国务院副总理李克强对测绘工作作出批示："过去一年，测绘部门服务大局、扎实工作，测绘保障能力和公共服务水平不断提高。谨向测绘系统的广大干部职工致意。新的一年，望继续深入贯彻落实科学发展观，进一步完善体制机制，加强自主创新，着力构建数字中国，加强信息化测绘体系建设，为保持经济平稳较快发展作出新的贡献。"

3. 2009年4月18日，中共中央政治局常委、国务院副总理李克强在《国土资源部关于加强网上地理信息安全监管工作情况的报告》上批示："要抓好落实工作，以切实维护国家地理信息安全。"

4. 2009年7月3日，中共中央政治局常委、国务院副总理李克强视察参观全国地理信息应用成果及地图展览会时强调，地理信息是战略性资源，基础地理信息是全社会宝贵的财富，要深入贯彻落实科学发展观，加快国民经济和社会信息化进程，开拓创新，强化基础，推动地理信息资源开发利用，促进全面协调可持续发展。

李克强来到展览现场，在一幅幅形态各异、内容多样的地图前驻足观看，详细询问"影像中国"互动系统开发应用，查看明长城和珠峰复测成果，认真听取工作人员介绍。他指出，地图聚集了丰富的地理信息，凝结着广大测绘工作者的辛勤劳动。改革开放以来，我国地理信息开发利用和地图制作取得了丰硕成果，在科学决策、城乡规划、国土管理、生态环保、抗震救灾和国防建设等方面发挥了重要作用。新的形势下，地理信息成为国家创新体系和信息化建设的重要组成部分，要突出加强基础地理信息系统建设，加快形成数字中国地理空间框架，加快信息化测绘体系建设，切实提高测绘对现代化建设的保障服务能力。

看到我国地理信息产业近年来高速发展，李克强十分高兴。他说，地理信息产业集信息采集、开发、应用为一体，既是高新技术产业，又与经济运行和人民生活息息相关。这一产业技术含量高、经济效益好、增长潜力大，可以广泛应用于交通导航、物流传输、工程建设、工农业生产、居民生活等方面，发展前景十分广阔。要面向多层次、多样化的市场需求，壮大产业规模，创新产品、技术和发展模式，更好地服务大局、服务社会、服务民生。

李克强强调，当前新一轮世界经济结构调整正在进行，新的技术突破和产业升级正在酝酿。随着信息化、网络化、数字化向纵深发展，互联网与空间地理信息系统相互交织，数字地球、智慧地球逐步从理念转为应用。要抓住时机、把握趋势，积极开发利用数字中国、数字生态、数字生产流通等新技术，与推进新一代信息技术的开发应用相结合，促进信息流与人财物流的连接，培育新的增长领域，抢占未来发展制高点。

在技术装备展区，李克强向工作人员询问国内外先进测绘设备研发情况，并兴致勃勃地观看了我国第一代数字摄影测量工作站和大幅面数字航空摄影仪。他说，提高自主创新能力是国家发展战略的核心，也是地理信息开发利用的根本保障。要充分发挥广大科研人员的积极性、创造性，集中精力研发一批具有自主知识产权的高性能测绘仪器装备，推动地理信息开发利用再上新水平。

5. 2010年1月18日，中共中央政治局常委、国务院副总理李克强对测绘工作作出批示："2009年，测绘系统认真贯彻中央的决策部署，大力推进测绘基础研究和能力建设，测绘保障服务成效显著，各项工作取得很大成绩。谨致祝贺。希望你们在新的一年，深入贯彻落实科学发展观，继续推进数字中国建设，加快构建地理信息公共服务平台，提升现代化测绘技术装备水平，促进地理信息产业健康发展，进一步提高保障和服务水平，为推动经济社会全面协调可持续发展作出新的更大贡献。"

6. 2010年12月20日，中共中央政治局常委、国务院副总理李克强对测绘工作作出批示："2010年，广大测绘干部职工紧密围绕经济社会发展需要，开拓进取，测绘事业取得新成绩，为突发事件应急处置和抢险救灾提供了有力支持。希望你们在新的一年里，深入贯彻落实科学发展观，加强基础测绘和地理国情监测，着力开发利用地理信息资源，丰富测绘产品和服务，提高测绘生产力水平，更好地发挥服务大局、服务社会、服务民生的作用，为推动经济发展方式转变、全面建设小康社会作出新贡献。"

7. 2011年5月10日，中共中央政治局常委、国务院副总理李克强在国办秘书一局《专报信息》"发展改革委建议大力发展我国地理信息产业"的信息上批示："请绍史、德明同志阅。地理信息技术应用广泛、市场潜力巨大。国土资源部、测绘局要商有关方面完善相关规划和政策，促进产业发展。"

8. 2011年5月21日，中共中央政治局常委、国务院副总理李克强在国土资源部《关于报送2010年加强国家版图意识宣传教育和地图市场监管工作情况的报告》上批示："加强此项工作对提高全民国家版图意识、维护我国家安全有积极意义，要继续商有关方面做好下一步工作。"

9. 2011年5月23日，中共中央政治局常委、国务院副总理李克强专程到中国测绘创新基地考察调研，参观测绘科技馆展览，看望一线职工，听取测绘地理信息工作汇报，与院士专家进行座谈，并发表重要讲话。（讲话全文见国务院办公厅《内部情况通报》〔2011〕第266期）

10. 2011年7月20日，中共中央政治局常委、国务院副总理李克强在国家测绘地理信息局《专报信息》"测绘全程服务汶川地震灾后重建"的信息上批示："测绘系统开展全程全方位高质量的测绘保障工作，为灾区人民重建家园作出了特有贡献，谨向同志们表示感谢和慰问。"

11. 2011年12月17日，中共中央政治局常委、国务院副总理李克强对测绘地理信息工作作出批示："2011年，广大测绘地理信息系统干部职工解放思想、求真务实、开拓创新，测绘地理信息事业取得重要进展。在新的一年里，望继续围绕'十二五'主题主线，坚持服务大局、服务社会、服务民生的宗旨，着力强化测绘地理信息服务，加强数字中国、天地图、监测地理国情三大平台建设，大力促进地理信息产业发展，全力推动测绘地理信息事业再上新台阶。"

刘延东同志
对测绘地理信息工作的指示

2011年4月2日，中共中央政治局委员、国务委员刘延东在国土资源部《关于报送2010年加强国家版图意识宣传教育和地图市场监管工作情况的报告》上批示："通过国家版图意识宣传教育，深化对中小学生爱国主义教育，从小确立国家版图意识，起到很好效果，请教育部继续会同其他部门做好这项工作。"

曾培炎同志
对测绘地理信息工作的指示

2008年1月10日，时任国务院副总理曾培炎在国家测绘局有关材料上批示："测绘是经济社会发展的重要基础性工作。在新的形势下，要深入贯彻落实科学发展观，全面实施《国务院关于加强测绘工作的意见》，继续发扬'爱祖国、爱事业、艰苦奋斗、无私奉献'的测绘精神，加快完善信息化测绘体系，大力发展地理信息产业，切实加强统一监管和公共服务，不断提高测绘对现代化建设的服务保障水平，开拓进取，创新求实，推动测绘事业又好又快发展。各级地方人民政府要加强对测绘工作的领导，国务院有关部门要大力支持，为测绘事业发展创造良好的环境。值此新春佳节之际，请转达我对全国测绘系统广大干部职工的诚挚问候！"

党的十七大以来国务院印发和转发的有关测绘地理信息工作文件目录

1. 国务院办公厅转发测绘局等部门关于整顿和规范地理信息市场秩序意见的通知
   国办发〔2009〕4号（2009年1月17日）

2. 国务院办公厅关于印发国家测绘局主要职责内设机构和人员编制规定的通知
   国办发〔2009〕26号（2009年3月5日）

3. 基础测绘条例
   中华人民共和国国务院令第556号（2009年5月12日）

4. 国务院办公厅关于国家测绘局更名为国家测绘地理信息局的通知
   国办发〔2011〕24号（2011年5月23日）

5. 李克强副总理在中国测绘创新基地座谈会上的讲话
   国务院办公厅《内部情况通报》〔2011〕第266期（2011年6月17日）

科学发展　跨越前进

——党的十七大以来我国测绘地理信息事业辉煌成就

辉煌成就 篇

在变革中熔铸辉煌，在奋斗中彰显成就，
科学发展观引领我国测绘地理信息事业腾飞。

国家测绘地理信息局局长、副局长、总工程师合影

左起国家测绘地理信息局总工程师胥燕婴，党组成员、办公室主任吴兆琪，党组成员、副局长闵宜仁，党组成员、副局长李维森，党组书记、局长徐德明，党组副书记、副局长王春峰，党组成员、副局长宋超智，党组成员、纪检组组长张荣久，副局长李朋德

变革中熔铸辉煌　奋斗中彰显成就
科学发展观引领测绘地理信息事业腾飞

——党的十七大以来我国测绘地理信息事业成就综述

党的十七大以来，在党中央、国务院的正确领导下，在国土资源部的关心指导下，在有关部门、地方各级党委政府和社会各界的大力支持下，测绘地理信息事业走　过了极不寻常、浓墨重彩的五年，创造了铭于丹青的光荣历史，谱写了令人瞩目的恢宏篇章。

这五年，我们让科学发展观溶入测绘地理信息人的血脉，引领测绘地理信息事业攻坚克难，砥砺前行，成就辉煌。

这五年，我们冲破惯性思维桎梏，实现了从"测绘"到"测绘地理信息"的破茧嬗变，开创了测绘地理信息事业发展的崭新格局，向着测绘地理信息强国宏伟目标迈进。

这五年，我们改变了测绘地理信息服务模式，测绘地理信息部门实现了"华丽转身"，从幕后走到台前、从基础先行逐步走向决策前沿，测绘地理信息以"不可或缺"的姿态深深融入了国民经济建设主战场。

这五年，我们弘扬"热爱祖国、忠诚事业、艰苦奋斗、无私奉献"的测绘精神，淬炼出以"快、干、好"为核心的测绘地理信息文化，激励干部职工披肝沥胆，奋勇争先。

突围，突破，突变。五年发展背后，映射的是在科学发展观指引下，测绘地理信息强国战略从探索到成行、从理论到实践的艰辛历程；五年发展成就，镌刻下一个个奋斗的测绘地理信息"坐标"，绘就成一幅幅波澜壮阔的经纬画卷！五年来，测绘卫星上天、测绘创新基地落成、地理信息产业迅猛发展，数代测绘人梦想成真；五年来，建数字城市、造天地图网站、拓地理国情

监测服务，"三大平台"彰显测绘地理信息新型服务业态；五年来，信息化测绘体系逐步建立、测绘地理信息资源日益丰富、科技装备成果显著，"数字中国"建设步伐加快；五年来，服务大局、服务社会、服务民生，测绘地理信息保障及时有力；五年来，体制机制逐步完善、市场监管与服务齐头并进、干部队伍素质全面提升、中国测绘地理信息在国际舞台上影响倍增，为经济建设和社会发展作出了突出贡献。

坚定不移地以科学发展观为指导，统领全局，谋划思路，开创事业发展新格局

思想决定思路，思路决定出路，出路决定未来。国家测绘地理信息局（原国家测绘局）党组紧紧围绕党的十七大以来的各项战略部署，高起点、高水平、高效率地谋划和推进测绘地理信息工作，转变思想观念，破解发展难题，推动测绘地理信息事业进入全面、快速发展的新时代。

提地位、争支持，赢得发展空间。党和国家高度重视测绘地理信息事业发展，中央领导同志多次对测绘地理信息工作作出重要指示批示。胡锦涛总书记2009年视察了地理信息企业东方道迩数字数据技术有限公司济南分公司并作重要讲话。温家宝总理2009年为新落成的中国测绘创新基地亲书"中国测绘"四个大字，并多年在《政府工作报告》中明确提出要加强测绘基础研究和能力建设，积极发展地理信息新型服务业态。李克强副总理2008年会见了国外测绘专家代表，2009年参观了全国地理信息应用成果及地图展览会，2011年到中国测绘创新基地视察指导并发表

重要讲话，强调指出测绘地理信息是经济活动的重要基础、是全面提升信息化水平的重要条件、是加快转变经济发展方式的重要支撑、是战略性新兴产业的重要内容、是维护国家安全利益的重要保障，把测绘地理信息的重要地位和作用提到了国家战略全局的高度，并宣布国家测绘局更名为国家测绘地理信息局，还多次对测绘地理信息工作作出重要指示。发展地理信息产业、建设数字城市等工作被列入我国"十二五"规划纲要。国务院办公厅转发《关于整顿和规范地理信息市场秩序意见的通知》。全国人大环境与资源保护委员会专门就《测绘法》贯彻情况开展执法调研。与此同时，各部门、地方各级党委政府对测绘地理信息工作的重视程度空前提高，支持力度空前加大。

高站位、深谋划，剑指强国方向。在发展关键期、改革攻坚期、矛盾凸显期，测绘作为一项最基础、最应当先行的事业，其发展却相对滞后于经济社会各方面快速增长的旺盛需求，如何科学发展"考问"着国家测绘地理信息局（原国家测绘局）领导班子。通过开展学习实践科学发展观活动、创先争优活动，国家测绘地理信息局（原国家测绘局）党组深刻学习领会党中央国务院对测绘地理信息工作的重要指示精神，全面"体检"制约事业发展的主要问题，两次深入开展发展战略研究，解放思想、审时度势、传承创新、站高望远、科学决断，树立了大测绘、大科技、大产业、大服务的理念，明确了测绘地理信息工作要"服务大局、服务社会、服务民生"的宗旨，提出了测绘地理信息要发挥"基础先行、服务保障、应急救急、统筹协调、管理监督、维护安全"六大作用的定位，响亮提出要"高举构建数字中国、建设地理信息公共服务平台、发展地理信息产业的大旗，亮出测绘资源优势、人才

△2011年全国测绘地理信息局长会议会场

优势和技术优势之剑"，确立了"构建数字中国、监测地理国情、发展壮大产业、建设测绘强国"的总体发展战略，明确了统筹中央地方、系统内外、政府社会、军队地方、国内国外测绘资源的发展策略。编制完成了《测绘地理信息发展"十二五"总体规划纲要》《全国基础测绘"十二五"规划》，启动了《全国基础测绘中长期规划纲要》修编工作，测绘地理信息事业发展的方向、目标和任务更加明确。

更名称、强职责，筑牢体制基础。国务院办公厅2009年印发的国家测绘局新"三定"方案规定，加强了测绘公共服务和应急保障、监督管理地理信息获取与应用等职责，并增设科技与国际合作司。2011年5月，经国务院同意，国家测绘局正式更名为国家测绘地理信息局，开启了测绘地理信息事业发展史上新的纪元，突显了测绘地理信息在国民经济和社会发展中的重要作用。各地迅速推进机构更名和体制完善，河北、山西、辽宁等19个省级和相当部分市、县测绘主管部门的名称变更为测绘地理信息局或地理信息局，浙江等省级机构还提升了规格，强化了职能，部分地方在增加内设机构和领导干部职数上取得突破。同时，调整优化测绘生产与服务布局，组建了卫星测绘地理信息应用中心、国家测绘地理信息产品质量检验测试中心、中国地图出版集团。

谋发展、大投入，夯实财力保障。2009年，国务院出台了《基础测绘条例》，明确规定基础测绘是公益性事业，要求各级政府要加强对基础测绘工作的领导，将基础测绘纳入本级国民经济和社会发展规划及年度计划，所需经费列入本级财政预算，基础测绘长期稳定持续增长的投入机制依法确立。中央财政对测绘地理信息工作的投入大幅增长，2007—2012年合计投入70多亿元，其中，中央财政对《全国基础测绘中长期规划纲要》确定的重大项目投入资金达40多亿元。联合财政部颁布实施了新的《测绘生产成本费用定额》，加强了国家基础测绘项目定额管理，提高了资金使用效益。通过实施边远地区少数民族地区基础测绘专项投入，有力支持了23个边少地区和新疆生产建设兵团多个基础测绘项目。动员全系统力量，扎实推进测绘地理信息援藏援疆工作。地方测绘地理信息投入也呈爆发式增长，辽宁、黑龙江基础测绘年投入增长了约10倍，四川、内蒙古基础测绘年投入达到上亿元规模，江西投入1.56亿元支持测绘地理信息能力建设，大多市、县都相应加大了基础测绘的投入力度，为测绘地理信息事业发展提供了坚实的财力保障。

坚定不移地以科学发展观为指导，突出重点，转型发展，打造地理信息新平台

2008年国际金融危机之时，国家测绘局党组不等不靠不要、先想先行先干，出台八大举措主动响应国家扩大内需、促进经济平稳较快增长的决策部署，要求全国测绘部门深入贯彻落实科学发展观，加快调整测绘地理信息生产力布局，把项目更多地调到现实需求上来，把建设更好地放到公共服务上来，把产品更快地转到有利于民生上来，把资金更有效地用到扩大内需上来，把工作重心切实落到促进发展上来，继而推出了数字城市、天地图、地理国情监测三大工程建设，全力打造提高城市综合管理水平的服务平台、提高百姓生活质量的服务平台、提高领导决策水平的服务平台，以实际行动担当起测绘地理信息系统应对危机、共克时艰的责任，服务经济社会科学发展。

转方式、调结构，牛鼻子工程花开神州。把数字城市建设作为直接服务经济建设主战场的一项牛鼻子工程来抓，下大力气开展数字城市建设试点与推广工作，各级测绘地理信息行政主管部门和城市人民政府积极响应、精心组织。全国270个地级城市开展了数字城市建设，125个数字城市已建成投入使用，80多个城市出台了数字城市建设应用管理办法，形成了一大批城市新型地理信息成果，已在60多个领域得到广泛应用，在扩大内需、促进经济增长方面起到了明显的带动作用。数字城市有力促进了城市运行管理的科学化、精细化、协同化，成为领导科学决策的重要工具、城市信息化建设的基础平台、产品服务推介宣传的商务平台、提高生活质量的便利帮手和宣传城市的靓丽名片。

抢高点、惠民生，"天字号"工程大放异彩。举全系统之智之力打造"天字号"工程，建成了中国区域数据资源最权威最详尽、具有自主知识产权的在线地图服务网站——天地图。自2011年正式开通以来，天地图受到中央领导的充分肯定和全社会的广泛赞扬，已经成为方便百姓的服务平台、产业发展的基础平台、政府服务的公益平台、国家安全的保障平台。已有216个国家和地区的数亿人次访问天地图，基于天地图地理信息服务资源的各类公益性或商业化应用系统不断涌现，天地图这一民族品牌的知名度和社会影响力不断扩大。天地图省市级节点建设正快速推开，已有25个省级节点和14个市级节点接入天地图主节点。天地图天津滨海数据处理基地和克拉玛依数据中心建设正在积极推进。

谋大局、敢担当，阳光工程顺利起航。科学发展要求辩证求实的科学精神，必须建立在尊重科学、尊重规律、尊重国情的基础上。面对服务生态文明社会建设、催生高效政府和透明行政，地理国情监测这一全新的阳光工程应运而生。国务院批准开展地理国情监测工作，项目立项和总体设计完成。在国家、省、市三级层面开展了地理国情监测试点并形成多批监测成果，六个地理国情监测试点项目通过验收，获得了青藏高原丰富的地理国情信息，陕西、浙江等地发布了矿区地表沉降、海岸线、滩涂和湿地资源等监测成果。福建、山西、陕西等七省将地理国情监测工作列入省"十二五"专项规划内容，天津、河北、辽宁、湖北、青海、海南、重庆、四川等地的地理国情监测工作正在积极开展。武汉大学设立了地理国情监测专业。

坚定不移地以科学发展观为指导，立足服务，凸显作用，提升保障服务新水平

科学发展，测绘地理信息先行。国家测绘地理信息局（原国家测绘局）党组紧密围绕党和国家中心工作，始终坚持服务大局、服务社会、服务民生的宗旨，主动超前服务，主动保障发展，为科学管理决策、重大战略实施、重大工程建设以及调整经济结构、促进区域协调发展等提供了坚实的测绘地理信息保障。

增意识、勇作为，服务领导决策及时高效。积极支持电子政务建设，为政府科学管理决策提供地理信息辅助支撑，研制开发了大量基于基础地理信息的管理系统，精心制作了大批专用地

图、领导工作用图，促进了政府科学决策水平的提高。为中越、中尼国界谈判提供了有力的测绘

△ 电子政务地理信息服务

支持。《地图见证辉煌——改革开放30年》等地图集真实呈现了我国经济社会科学发展的光辉历程和辉煌成就。

快反应、显身手，服务应急救灾快速有力。建立了测绘应急救灾快速响应机制并不断完善，实现了天地一体、上下联动、高效保障。在南方雨雪冰冻灾害、汶川地震、玉树地震、舟曲泥石流、伊犁地震、北京特大暴雨灾害、云南彝良地震等突发事件中，迅速获取、制作和提供地图、影像图，快速研制三维地理信息平台，为了解灾情、指挥决策、抢险救灾和灾后重建提供了及时有效的保障服务，受到中央领导和国务院应急管

▽ 海岛（礁）测绘

理办公室等部门单位、地方党委政府及武警部队的高度肯定。在反恐维稳、国防建设工作中，测绘地理信息保障作用突显。

广应用、助发展，服务经济建设成效卓著。在西气东输、北京奥运会、国庆60周年庆典、上海世博会、土地二调、水利普查等国家和地方重大工程中发挥了重要的先行作用。海岛（礁）测绘工程边建边用，在南海和东海资源勘探、索马里护航、海岛建设规划和维护国家海洋权益方面发挥了积极作用。"一县一图""百镇千村测图""一村一图"工程服务新农村建设得到好评。

树权威、创特色，服务社会民生广受赞誉。根据国务院授权，联合有关部门和地方政府公布了明长城总长度、我国55座著名风景名胜山峰高程数据、全国陆地最低点艾丁湖注地海拔高程等重要地理信息。编制完成全国1：25万公众版数字地图，全国测绘成果目录服务系统网站开通。在各级测绘地理信息部门门户网站上向社会公开并无偿提供标准地图、特色地图服务，组织编制大量红色地图得到各方好评。编制出版了行政区划、教学、旅游、文化创意类等地图、图书年均约2800种，满足了消费者的多层次需求。

坚定不移地以科学发展观为指导，提供支持，创造条件，促进产业发展新繁荣

秉承"政府是企业之父，企业是就业之母"的理念，加强对地理信息产业发展的政策指导，优化地理信息产业发展环境，推进地理信息产业园建设，鼓励企业发展壮大，推动各方面对地理信息服务的消费，促进地理信息产业做大做强。

造环境、重服务，产业政策逐步完善。积极推动国务院出台有关促进地理信息产业发展的意见。强化了对地理信息企业的指导、协调和服务，实行了适度宽松的市场准入政策，编制了《促进地理信息产业发展"十二五"规划》，随着国家战略性新兴产业发展规划和促进新型服务业态相关政策的陆续出台，地理信息产业发展的政策环境进一步完善，推广应用地理信息安全处理

△国家地理信息科技产业园总鸟瞰图

技术，有力推动了基础地理信息社会化应用和产业化发展。中国地理信息系统协会正式更名为中国地理信息产业协会。成功举办了全国地理信息产业峰会和全国地理信息应用成果及地图展览会。

兴企业、壮规模，产业发展高歌猛进。积极发展地理信息新型服务业态，在全球经济复苏乏力、国内面临经济下行风险的情况下，我国地理信息产业逆势上扬，实现强劲增长，产值年均增长率25%以上，2011年实现地理信息产业总产值近1500亿元，地理信息产业相关企业达到2.2万家，产业队伍超过40万人，已有10家地理信息企业在国内外上市，为保增长、扩内需、调结构、促就业发挥了积极作用。导航电子地图等地理信息产品不断创新，互联网地理信息服务、手机地图及各类便携式移动定位服务蓬勃兴起。主流测量仪器全站仪生产数量世界第一，实现历史性突破。地理信息产业的强劲发展创造了大量就业岗位，测绘地理信息类高校毕业生就业率位居全国前列。

促集聚、造高地，园区建设如火如荼。在北京顺义国门商务区建设总占地面积约1500亩、建筑面积约180万平方米的国家地理信息科技产业园，力争将其打造成为展示我国地理信息产业蓬勃发展的重要窗口，培育国际地理信息优秀企业和知名品牌的摇篮，实施测绘"走出去"战略的前沿阵地和信息化、生态化、国际化的地理信息

产业"硅谷"。产业园被科技部认定为北京国家地理信息高新技术产业化基地，已有40多家企业（集团）签约入园，首期竣工面积达到135万平方米，浙江、湖北、湖南、四川、江苏、山东、广西、云南、山西、陕西等地地理信息产业园区建设正在积极推进，推动了地理信息企业向园区集聚、抱团发展，产业集群式发展模式和新型产业高地正在形成。

坚定不移地以科学发展观为指导，夯实基础，提升能力，实现生产力的新跨越

科学确立"按需测绘、效用优先"的基础测绘工作思路，始终坚持"装备决定能力，技术决定水平"理念，大力实施"科技兴测"战略，地理信息获取实时化、处理自动化、服务网络化程度越来越高，测绘地理信息生产力水平大幅提升。

抓项目、严实施，数据资源极大丰富。积极推进现代测绘基准体系建设，26个省（区、市）完成厘米级似大地水准面精化工作，24个省（区、市）建成卫星定位连续运行基准站网，并推进测绘基准信息社会化服务，2000国家大地坐标系启用。国家西部测图工程全面竣工，首次实现1∶5万基础地理信息对陆地国土的全覆盖，国家1∶5万、1∶25万基础地理信息数据库持续更新，基础地理信息资源整体现势性得到全面加

强，基础地理信息数据库建设步入国际先进水平。1∶1万基础地理信息覆盖陆地国土约50%，1∶2000基础地理信息基本覆盖了全国城镇地区，形成了全要素、多尺度、多时态基础地理信息资源体系。海岛（礁）测绘工程进展顺利，影像获取、测绘基准和长期验潮站建设正在按计划推进，海岛（礁）识别与定位任务、首批测图基本完成，南海测绘基地启动建设。极地测绘成果丰硕，测制了世界上首张南极最高冰盖区1∶5万地形图和覆盖面积达20万平方千米的南极地图。

瞄前沿、快跟进，装备水平显著提高。高精度民用立体测绘卫星资源三号成功发射，多项技术指标达到或优于国外同类型测绘卫星，开启了我国自主航天测绘的新时代，其影像成功应用到天地图网站、1∶5万数据库更新、海岛（礁）测绘工程和国土、规划、减灾等领域，并赠送给12个国家，对于打破国外产品长期垄断意义重大。资源三号后续卫星以及激光测高卫星、干涉雷达卫星等测绘卫星已列入《2011—2020陆海卫星业务发展规划》。应急测绘装备项目纳入国家应急体系建设规划。科学技术部立项支持地理国情监测应用系统、测绘装备国产化及应用示范等7项

国家级重点科技项目研究。机载干涉雷达测图系统、地理信息公共平台软件等一批科技成果得到推广应用。在全国研制推广无人机航摄系统100余套、地理信息应急监测车9套，极大提升了地理信息快速和规模化获取能力以及测绘应急保障服务能力。引进了"像素工厂"影像快速处理系统、倾斜摄影技术等高新技术与设备，极大提升了地理信息数据获取与处理效率。

重创新、克难关，科技兴测硕果累累。不断完善测绘地理信息科技管理政策和创新体系，为激励自主创新、规范科技管理营造了良好的政策环境。全国有340多所大专院校、科研机构开设测绘地理信息类专业，国家级重点实验室及工程技术研究中心达到17个，形成了以国家级测绘科研机构、高等院校为核心，重点实验室及工程技术中心协调发展、交叉融合的创新组织体系。通过设立测绘科技专项、典型应用项目带动、与重大测绘工程相结合等形式支持开展关键技术攻关，取得了大批重要成果。自主研发的机载合成孔径雷达影像测图系统填补了国内空白、达到国际先进水平。时空数据挖掘关键技术、开放式虚拟地球集成共享平台、遥感监测关键技术等多项

▽西部测图

成果取得重大突破。形成了自主知识产权的地理信息公共平台和数字城市建设软件。开发了多频多系统高精度定位芯片及板卡，结束了我国高精度卫星导航定位产品"有机无芯"的历史。我国地理信息系统软件自主化水平已达到70%以上，数字摄影测量软件国产化率达到了90%以上。五年来，由国家测绘地理信息局负责推荐的科技成果共获得国家级奖励8项，省部级科技进步奖上千项，多项成果达到国际先进水平。切实加强测绘地理信息标准化工作，共制修订84项国家标准、98项行业标准和一大批地方标准。

坚定不移地以科学发展观为指导，依法行政，规范管理，大力彰显部门新形象

坚持管理与服务并重的原则，全面推进测绘地理信息依法行政，切实加强统一监管，测绘地理信息市场秩序进一步规范，有效维护了国家主权、安全和利益，为基层服务、为企业服务的水平进一步提升。

健法制、保安全，法规体系日趋完善。 国务院《基础测绘条例》颁布实施，《公开地图内容表示补充规定》《测绘资质管理规定》《测绘地理信息市场信用信息管理暂行办法》等一系列重要规范性文件相继实施，联合多个部门印发了《关于加强地理信息市场监管工作的意见》《关于加强互联网地图和地理信息服务网站监管的意见》。与此同时，各地加快立法步伐。经过不懈努力，我国已初步形成以《中华人民共和国测绘法》为核心，包括4部行政法规，35部地方性法规，6部部门规章，近百部地方政府规章在内的测绘地理信息管理法规体系，为测绘地理信息事业发展提供了坚实的法制基础。《国务院关于加强测绘工作的意见》出台后，各省（区、市）积极贯彻落实，纷纷出台相应配套措施，有力推动了全国测绘地理信息工作加快发展。

优服务、强监管，市场秩序逐步规范。 联合多个部门开展了国家版图意识宣传教育、地理信息市场专项整治、"问题地图"专项治理、测绘成果保密检查、测绘成果质量检查、互联网地图

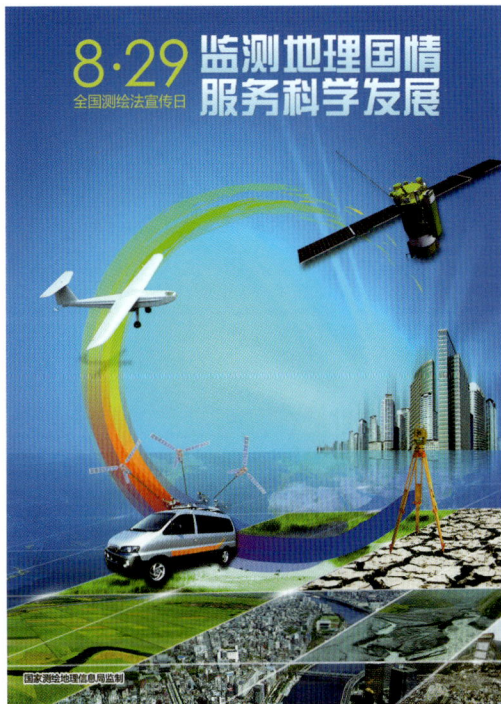

△ ""8·29"测绘法宣传日"宣传画

和地理信息服务违法违规行为专项检查，加大了对涉外、涉军、涉密、涉证、涉网测绘活动的监管力度，2007年以来，全国各级测绘地理信息行政主管部门共开展各类执法检查22000余次，其中开展重大专项执法行动3100多次，切实维护了地理信息安全，有效规范了测绘地理信息市场。加强测绘资质动态监管，依法批准336家单位互联网地图服务测绘资质。实行行政审批公示制度，优化行政许可程序，缩短审批时间，推行行政许可网上审批，测绘地理信息市场信用体系基本建立。

超常规、快建设，创新基地一朝梦圆。 在金融危机中抢抓机遇、果断决策，超常运作、规范管理，仅用8个月时间，购置建设成了占地41.43亩、建筑面积7.5万平方米的中国测绘创新基地，达到了信息化、网络化、生态化、现代化的建设要求，显著改善了测绘科研、生产、服务和管理等环境条件，几代测绘人50多年的夙愿得偿。中国测绘创新基地被命名为中央党校教学基地、全国科普教育基地，已接待省部级领导800多人次、社会各界人士数万人参观，成为展示测绘地理信

息部门高素质、高科技、高水平的窗口与平台。

坚定不移地以科学发展观为指导，激发活力，营造氛围，支撑事业迈上新台阶

构建测绘地理信息强国，班子是关键，人才是根本，宣传是推手，文化是灵魂，合作是动力。认真抓好队伍建设，完善人才队伍结构，强化人才整体素质，为事业发展增添新的活力。弘扬测绘精神，提炼文化核心，加大宣传力度，扩大测绘地理信息影响。加强部门合作与国际交流，推动测绘地理信息更好地融入世界。

提素质、激活力，人才智力支撑坚实。深入开展学习实践科学发展观和创先争优活动，创建"五型机关"，各级党组织的战斗堡垒作用和广大党员的先锋模范作用得到进一步发挥。加强党风廉政建设和反腐败工作，不断健全测绘地理信息惩治和预防腐败体系。制定和实施了全国省级测绘地理信息行政主管部门贯彻落实科学发展观年度测绘工作考评办法，考评工作逐渐成为推进重点工作的"指向标"、提高执行力的"推进器"。创新干部培养选拔机制，加大干部轮岗交流力度，强化了领导班子和干部队伍整体素质

与合力。坚持"人才强测"战略，3名专家当选为中国科学院或中国工程院院士，评选了7名国家测绘地理信息领域科技领军人才（每人获得50万元经费资助），7人入选新世纪百千万人才工程国家级人选，举办了两届全国测绘行业职业技能竞赛，以青年学术和技术带头人、科技领军人才和两院院士为主体的测绘科技骨干梯队逐步形成，培养造就了一大批测绘科技人才和全国测绘技术能手。与教育部联合实施卓越工程师培养计划，建立高校与测绘地理信息企业及生产单位联合培养人才的新机制，推动测绘地理信息产学研用相结合。建立了注册测绘师制度，测绘纳入国家职业规划，全国约有13万人获得国家职业资格证书。

快干好、广宣传，测绘文化生生不息。认真学习贯彻《中共中央关于深化文化体制改革推动社会主义文化大发展大繁荣若干重大问题的决定》，大力开展测绘地理信息文化建设，提升发展软实力。在测绘精神的感召下，广大测绘地理信息工作者抢抓机遇、奋发图强，发展淬炼出"快、干、好"的测绘地理信息文化核心，以"快"是测绘人的灵魂、"干"是测绘人的精

▽中国测绘创新基地大厅

神、"好"是测绘人的品质引领测绘地理信息事业创造了一个又一个奇迹。深入挖掘测绘地理信息工作的文化内涵和文化特征，创新地图文化，大力发展基于地理信息的文化产品，提升测绘地理信息服务的文化品位。广泛开展了时代精神教育和丰富多彩、形式新颖的群众性文化活动，引导干部职工始终保持与时俱进、开拓创新的精神状态。着力打造文化精品，营造健康向上、和谐文明的文化氛围。加强工青妇组织建设，在维护职工权益、强化民主管理、提高决策水平方面发挥了重要作用。坚持践行宣传也是生产力的理念，构建了全方位、宽领域、多载体的测绘地理信息宣传工作格局，国测一大队先进事迹和"数字城市中国行"等宣传报道在社会上产生强烈反响，测绘地理信息社会影响力全面提升。

推共享、扩开放，交流合作彰显作用。 与外交、公安、国土、水利、交通、农业、林业、地震、气象、地质等部门和中国联通等大企业集团间的协调合作机制逐步建立，联系不断紧密，有效推进了地理信息资源共建共享。军地测绘融合机制进一步完善，并取得一定成效。联合商务部加快实施测绘地理信息"走出去"战略，成功举办了第21届国际摄影测量与遥感大会和联合国全球地理信息管理杭州论坛，我国一批专家学者在国际测绘地理信息组织中担任高层职务，中国测绘地理信息的国际影响力显著提高。加强多边、双边国际合作，与世界50多个国家的测绘地理信息部门和单位建立了合作关系，开展了形式多样、内容广泛的国际交流与合作，有力促进了我国测绘地理信息事业发展。

五年勇立潮头，形成测绘地理信息理念；五年惕厉奋发，铸就测绘地理信息魂魄；五年辉煌崛起，作出测绘地理信息贡献！抓班子、带队伍，和谐凝聚、士气高昂，国家测绘地理信息局（原国家测绘局）党组在团结带领全国测绘地理信息干部职工昂首阔步的五年奋斗的历程中，也获得了许多宝贵的经验和启示。第一，党的领导是核心。党中央、国务院的坚强领导，为测绘

地理信息事业发展指明了方向、明确了目标、优化了环境、创造了机遇。测绘地理信息工作五年来取得的显著成就，是党中央国务院领导高度重视的结果，是胡锦涛总书记、温家宝总理、李克强副总理等领导同志亲切关怀和指导的结果。第二，科学发展是方向。科学发展观是我国经济社会发展的重要指导方针，必须自觉把科学发展观贯彻落实到测绘地理信息工作的各个方面，坚持统筹兼顾、协调发展，正确认识和妥善处理发展中的重大关系，推进测绘地理信息事业全面协调可持续发展。第三，敢于担当是关键。必须"把党和人民赋予的职责看得比泰山还重"，面对测绘地理信息事业跨越发展的机遇和挑战，要敢为人先、敢闯敢试、敢抓敢管、敢于负责，以大视野、大胸襟、大手笔的气魄和经得起历史检验的担当，为测绘地理信息工作助推经济社会科学发展勇挑重担、奋发有为、不辱使命。第四，改革创新是动力。必须坚持解放思想、锐意进取，着力解决阻碍事业发展的深层次问题，抓紧建立和完善与社会主义市场经济体制相适应、富有活力的测绘地理信息工作新体制新机制，以改革创新精神开创事业发展新局面。第五，科技人才是支撑。必须坚持"科技兴测"和"人才强测"战略，大力提升测绘地理信息科技自主创新能力，培养造就一支结构合理、素质优良、作风扎实、善于创新的人才队伍，推动事业全面发展。第六，保障服务是根本。必须坚持服务大局、服务社会、服务民生的宗旨，大力加强测绘地理信息公共服务，促进地理信息产业发展，不断拓展保障服务领域，提升服务水平，提高服务质量。

回首过去的五年，我们充满豪情；展望未来的前景，我们意气风发。新起点，新征程，新任务。我们将科学运用五年刻苦攻坚跨越发展带给我们的成功经验和深刻启示，始终牢记肩负的责任和使命，始终保持昂扬向上、积极进取的精神状态，再立新功，再创辉煌，为测绘地理信息事业大发展大繁荣而奋斗不息，以优异成绩迎接党的十八大胜利召开！

国家测绘局更名为国家测绘地理信息局

2011年5月23日，经国务院正式批准，并由中共中央政治局常委、国务院副总理李克强在中国测绘创新基地亲自宣布，国家测绘局更名为国家测绘地理信息局。

国家局的更名，凸显了地理信息在国民经济和社会发展中的重要作用，标志着测绘行政体制建设和管理职能转变实现了历史性突破，实现了测绘事业向测绘地理信息事业转型发展，从生产型向服务型、应用型转变的重大跨越。国家局的更名，不仅仅是名称的改变，更凸显了国家测绘地理信息局对地理信息这一国家战略性资源的监督管理职能，更强化了指导地理信息产业发展、统筹地理信息资源建设应用及规范地理信息交换共享活动的作用，也更准确涵盖了测绘地理信息管理的主要内容和所承担的工作职责，对于完善全国测绘地理信息管理体制和运行机制、促进地理信息产业加快发展具有重要的意义。

在国家局更名的带动下，各级测绘地理信息行政主管部门纷纷采取措施积极争取，19家省级测绘地理信息行政主管部门及部分市县测绘地理信息局相继更名，强化了地理信息资源管理职能，提升了测绘地理信息部门的地位。

数字城市

党的十七大以来，国家测绘地理信息局高度重视数字城市建设，将其作为"牛鼻子"工程强力推进。测绘地理信息部门发扬"快、干、好"的优良作风，以最快的速度、最有效的方式，边建设边完善，边应用边提高，数字城市建设在全国形成热潮涌动、渐入佳境的良好局面。

六年间，数字城市地理空间框架建设由试点到推广，逐渐铺开。目前，全国已有31个省、自治区、直辖市的300余个城市开展了建设工作，120余个城市的数字城市地理空间框架已建成并投入全面应用。在强决策、精管理、惠民生、促发展等方面发挥了重要作用，也充分彰显了测绘地理信息工作的重要作用。

丰富了信息资源，促进城市信息化建设。对280余个城市28万平方千米范围进行了高精度、高质量、高分辨率的航空摄影；采集处理了多种比例尺、多种类型、多种时相的海量基础地理信息数据；建成了一批规范、完整的基础地理信息数据库群，极大地丰富了城市地理信息数据资源，不仅从根本上扭转了城市建设管理与信息化发展中地理信息资源匮乏的问题，也为数字省区、数字中国的建设夯实了数据基础。

转变了服务方式，有力支撑科学决策。各城市搭建了权威的、唯一的和通用的地理信息公共平台，并针对各应用部门的需求和信息化的实际情况，提供了直接调用、标准服务、二次开发和适配插件等多种灵活的应用模式，便捷了专业部门应用系统的开发。

改善与服务了民生，让生活更加美好。数字社区、数字医疗等系统，便利了人们日常生活；数字公交系统实现了智能化调度，为广大市民提供了安全、便捷的公交出行服务。

带动多方投入，推动了产业发展。目前国家、省、市财政投入的数字城市建设资金已达到50亿元以上，同时带动影像获取、软件开发、系统集成、软硬件设备等领域的众多企业积极参与，吸引了不同形式资金的进入，极大地提高了地理信息产业市场规模，推动了产业快速发展。

数字城市建设已由点及面，全面铺开，广泛服务于国民经济和社会发展的各个领域，为推动经济社会又好又快发展，促进社会和谐稳定发挥了重要作用。

天地图

天地图是国家测绘地理信息局主导建设的国家地理信息公共服务平台的公众版，是中国区域内最权威、可信、统一的互联网地图服务网站，被列为"天字号"工程。天地图集成了海量的地理信息资源，主要包括全球范围的1∶100万矢量地形数据、250米分辨率卫星遥感影像，全国范围的1∶25万公众版地图数据、导航电子地图数据、15米分辨率卫星遥感影像、2.5米分辨率卫星遥感影像、全国300多个城市0.5米分辨率卫星遥感影像。

天地图建设汇集了测绘地理信息系统及全行业的智慧和力量，汲取了国际国内先进技术理念，构建了包括在线地理信息服务、二次开发接口在内的服务系统，很好地解决了地理信息资源开发利用中技术难度大、建设成本高、动态更新难等突出问题，是一个高起点、高科技的地理信息服务平台，为测绘地理信息事业加快发展提供了广阔的空间。

天地图应用广泛，影响深远。满足社会公众对地理信息的需求，以门户网站和服务接口两种形式提供24小时不间断的"一站式"地图服务，实现公众地理位置查询、出行、旅游、教育学习等方面的多样化需求。为企业进行地理信息资源的增值服务提供开发环境，有效解决了地理信息资源开发利用中技术难度大、建设成本高、动态更新难等突出问题。为各级政府部门、各单位提供编程接口，充分利用天地图提供的丰富地理信息资源，建立和开发本单位、本部门的政务信息系统或专题应用系统。

地理国情监测

地理国情监测工作是新时期测绘地理信息工作发展的必然方向和趋势，也是提高测绘地理信息服务能力和服务水平的必然要求。

国家测绘地理信息局党组积极推进地理国情监测工作，建立健全组织机构，积极进行理论探索，做好顶层设计和组织实施。从政府各部门实际需求出发，从测绘地理信息资源、技术、人才、装备等方面所具备的基础条件出发，从突出测绘地理信息部门特色出发，从测绘地理信息事业的发展方向出发，对地理国情监测的对象和内容进行了认真梳理和深入研究，既保证工作的延续性、可行性，又突出工作的创新性、战略性，最终确定了地理国情监测目标和任务内容，即

充分利用现代测绘高新技术、先进装备和各级各类基础地理信息资源，整合各类经济社会信息，开展全国重要地理国情信息普查，持续进行地理国情监测，形成多样化地理国情信息产品，实现地理国情信息对政府、企业和公众的服务，为国家战略规划决策、空间规划管理、区域政策制定、灾害预警、科学研究和为社会公众服务等提供有力保障。

国家测绘地理信息局根据地理国情信息跨行业、跨部门、跨学科的特性，妥善处理好与各个部门的关系，取得各部门支持和配合，共同推进地理国情监测工作。在广泛调研、缜密研究后，选取了国家、省、市三级地理国情监测试点，开展积极探索和研究，试点工作取得一系列丰硕成果，监测效果显现。

国家地理信息产业园建设

国家测绘地理信息局党组以大视野、大战略、大发展的胸襟和气魄，全力打造"以园聚力、多园发展"的新格局，努力走出一条"以国家地理信息科技产业园为龙头，合理布局全国产业集群"之路，鼓励和支持各地发挥区位优势、比较优势，因地制宜建设产业园区或产业孵化基地，并积极争取各级政府配套相应的优惠政策。

国家地理信息科技产业园位于北京市顺义区国门商务区，由国土资源部、北京市政

府、国家测绘地理信息局、顺义区政府共同主导建设，占地1500亩、建筑面积180万平方米。目前封顶面积135万平方米，即将交付使用面积80万平方米，40多家企业踊跃签约入园。建成后产业园将实现引入国内外地理信息相关企业100家以上，年产值超过1000亿元人民币，实现税利150亿元人民币以上的目标。作为展示我国地理信息产业蓬勃发展的重要窗口、培育国际地理信息优秀企业和知名品牌的摇篮、实施测绘地理信息"走出

去"战略的前沿阵地、中国地理信息产业的"硅谷"，国家地理信息科技产业园已经初具规模，地理信息产业集群式、集团型、集约化发展模式正在形成。2012年，国家地理信息科技产业园被科技部命名为北京国家地理信息高新技术产业化基地。

在国家局总体战略思想的指导下，各地地理信息产业园建设势头强劲。黑龙江地理信息产业园、西安导航产业基地、武汉国家地球空间信息产业化基地、山东正元地理信息产业基地等已基本建成，江苏、浙江、江西、广西、四川、云南、陕西等地也先后启动了地理信息产业园区建设。

资源三号卫星

2012年1月9日，资源三号卫星在太原发射中心成功发射升空，我国卫星测绘实现从依靠国外到自主发展的本质转变，测绘卫星实现从科学研究到业务化运行的全面升级。

资源三号卫星是测绘强国建设的重要里程碑。它的成功发射填补了我国自主高分辨率民用测绘卫星的空白，实现了我国民用测绘卫星"零的突破"，是我国测绘地理信息装备水平实质性飞跃的重要标志，是我国推进空间基础设施建设的一项重要成果！它将有效破解航天测绘地理信息数据获取能力不足的瓶颈，对我国把握航天测绘地理信息数据源的自主权，维护国家地理空间信息安全具有里程碑的意义！

资源三号卫星是测绘地理信息事业快速发展的重要推动器。其传回的高质量影像数据将有效解决目前我国在相关领域应用中大量购买国外卫星影像的被动局面，将大大提升我国的国土资源调查与监测能力，提高测绘地理信息服务保障水平，助推地理信息产业快速发展。

资源三号卫星的成功发射是推动"十二五"测绘地理信息事业发展的一件大实事，也是我国航天事业和测绘地理信息事业50年共同耕耘结出的丰硕成果。它实现了全国测绘地理信息工作者期盼已久的"飞天梦"，体现了我国强大的经济实力和科技水平，对我国测绘地理信息事业发展具有革命性意义。

应急保障

测绘地理信息是了解灾情、指挥决策、抢险救灾的科学工具和基础数据。测绘地理信息部门在近几年的重大自然灾害、社会安全等突发事件中积极响应、紧急行动、超常运作，作用日益凸显，受到各方好评。

2008年以来，我国先后发生了四川汶川特大地震、青海玉树地震、甘肃舟曲泥石流等重大灾害，测绘地理信息以自身独特优势在应急保障和灾后恢复重建中发挥了巨大作用。国家测绘地理信息局科学部署，精心调配，开展了大规模灾区的基础测绘工作，为灾后救援指挥、灾后损失评估，以及灾后重建规划提供了大量遥感影像、地形图、规划专题用图、灾情监测评估地理信息系统等。先后开展了四川、陕西、甘肃三省的汶川地震灾后恢复重建重大测绘专项工程、青海玉树地震灾后重建测绘保障工程、甘肃舟曲测绘保障等工作，取得了丰硕成果，恢复了灾区的测绘基准，测制了系列比例尺基础地理信息成果，完善了应急测绘地理信息保障体系。灾后重建测绘成果已广泛应用于灾情调查评估、科学规划、突发事件处置、防灾减灾、次生灾害治理以及各项基础设施工程建设，彰显了测绘工作基础性、先行性和不可或缺的保障作用，展示了测绘地理信息工作保障服务灾区建设的作用，弘扬了测绘精神，进一步扩大了测绘地理信息工作的影响力。

西部测图工程

十七大时期，国家测绘地理信息局顺利完成了历时5年的国家西部1：5万地形图空白区测图工程（以下简称西部测图工程），结束了我国西部地区200多万平方千米国土无1：5万国家基本图的历史，实现了1：5万地形图对我国全部陆地国土的全面覆盖，标志着数字中国地理空间框架初步建成，是中国测绘地理信息事业发展史上的重要里程碑。

西部测图工程全面实现了科技创新、管理创新、安全创新、产品创新和质量创优的"四创新一创优"预期目标。共有13个工程承担单位的36个实施单位、8个质检站和2个地图出版社参加了工程建设，外业投入人员2500余人次、车辆500余台次。外业测图生产和作业人员克服了难以想象的困难，战胜了青藏高原严重缺氧、大雪封山、生命极限的挑战，克服了塔克拉玛干大沙漠酷暑、沙尘暴袭击、干渴的死亡威胁，顺利地完成了西部测图工程外业测图任务。内业投入人员5000余人次、各类设备6000余台次，科技创新集体攻关，内业生产加班加点，圆满地完成了西部测图工程的内业测图任务。

工程建设取得重要成果，建立了大量地理信息数据库，一批地理信息公共平台，并编制了一系列西部测图工程地图集及丛书，建立了一系列重大创新作业平台，本着"边建设、边应用"的原则，以应用促建设、以建设促服务，工程成果已成功应用于援藏援疆工作、西部基础设施规划建设、第二次全国土地调查、第一次全国水利普查、三江源生态建设、玉树地震和舟曲泥石流应急救灾、旅游规划开发等方面，在促进西部大开发战略实施、服务西部地区信息化建设等方面发挥了重要作用，取得了显著的经济和社会效益。

测绘地理信息科技装备创新

党的十七大以来，测绘地理信息科技装备创新成果不断涌现，举世瞩目。

测绘地理信息科技积极推进数据获取实时化、处理自动化、服务网络化和应用社会化，在大地测量、摄影测量与遥感、地图制图与地理信息系统等多个领域都取得了世界一流的科技成果，共有9项测绘地理信息科技成果获得国家科技进步奖、国家自然科学奖、国家技术发明奖、国际科学技术合作奖等国家级奖项，500余项测绘地理信息科技成果获得省部级科技奖。数字航空摄影仪、机载合成孔径雷达测量系统、移动测绘系统、无人机遥感测量系统、新一代数字摄影测量和遥感影像数据综合处理及测图系统、地理信息动态数据库、地理信息公共服务平台软件等一大批测绘科技创新成果的涌现，有力保障了测绘地理信息事业加速发展，彰显了"科学技术是第一生产力"的引领支撑作用。

测绘地理信息先进装备设施进一步加强，成果显著。初步形成了以地理信息数据获取、处理、存储与服务为流程的信息化技术装备体系，沉淀了以测绘卫星、无人飞行器航摄系统、机载合成孔径雷达测图系统、国家地理信息应急监测系统、高性能地理信息处理和服务设施为代表的先进测绘地理信息技术装备，显著提升了我国信息化测绘能力，体现了"技术装备决定业务水平"的先进理念。

中国测绘创新基地

在党中央、国务院的亲切关怀下，在国土资源部、国务院有关部门的大力支持下，中国测绘创新基地2009年9月8日落成启用。国家测绘地理信息局党组深入学习实践科学发展观，解放思想，创新观念，在国际金融危机中抢抓机遇，超常运作，规范管理，仅用8个月时间，就购置建成了占地41.43亩、建筑面积7.5万平方米的中国测绘创新基地。并着力将其打造成为一流的科技创新基地、一流的服务管理基地、一流的文化建设基地、一流的科普教育基地，彰显了现代测绘地理信息的新形象，提升了测绘地理信息的社会影响力。

温家宝总理欣然为创新基地亲书"中国测绘"四个大字，李克强副总理专程来中国测绘创新基地视察并发表重要讲话。如今，中国测绘创新基地已经成为中央党校教学基地和全国科普教育基地，接待省部级领导800多人次、社会各界人士数万人次参观，成为展示测绘地理信息部门高素质、高科技、高水平的窗口与平台。

中国测绘创新基地的落成，圆了几代测绘人50多年的梦想，成为中国测绘地理信息事业发展史上新的里程碑。中国测绘创新基地的落成，大力弘扬了"热爱祖国、忠诚事业、艰苦奋斗、无私奉献"的测绘精神，也凝练出了以"快、干、好"为核心的新时期测绘地理信息文化。

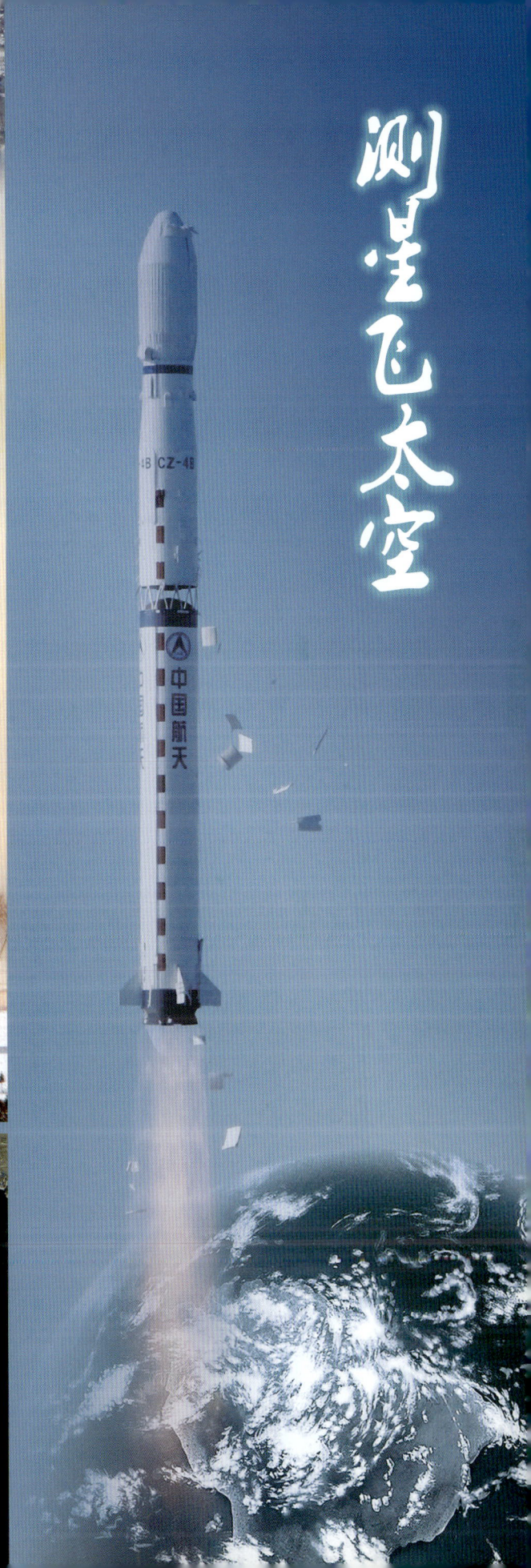

测星飞太空

▽资源三号测绘卫星正射纠正产品（全色）

测星飞太空

▽资源三号测绘卫星融合影像（真彩色）

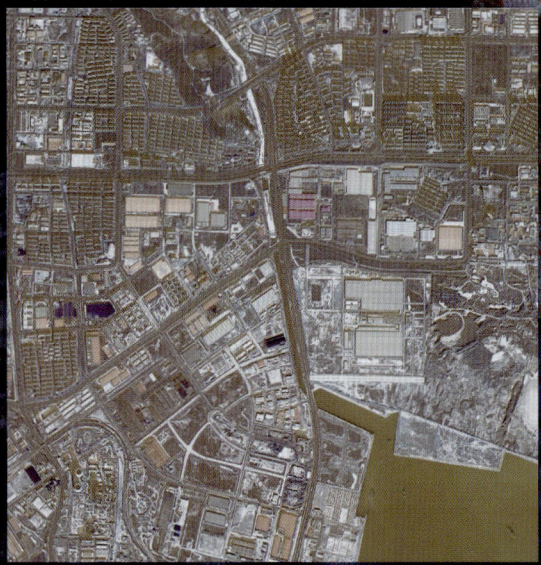

△资源三号测绘卫星立体影像图

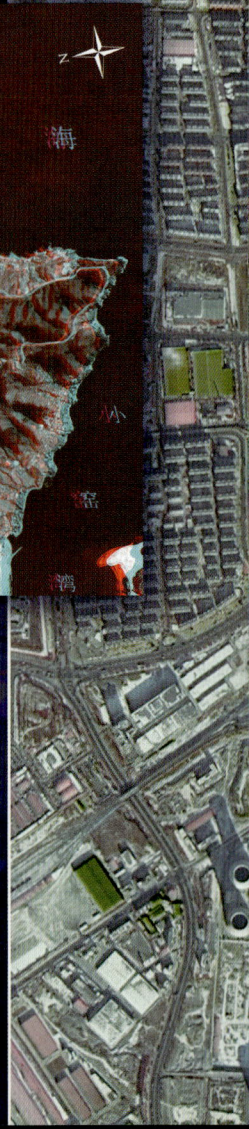

规划计划

党的十七大以来，国家测绘地理信息局不断加强测绘规划计划管理工作，积极推动规划实施，各项规划任务都取得了突出成果，为进一步谋划"十二五"发展，制定和实施了《测绘地理信息"十二五"总体规划纲要》《全国基础测绘"十二五"规划》，以及配套的测绘地理信息科技、人才、标准、法制等方面的专题规划，有力保障了测绘地理信息事业的发展。

（一）基础测绘计划管理

为加强基础测绘计划的统一监督管理，保障国民经济和社会发展对基础测绘成果的需求，国家测绘局与国家发展改革委在2007年3月联合印发了《基础测绘计划管理办法》，进一步规范了基础测绘计划管理的程序和内容，基础测绘计划管理工作全面步入规范化、制度化和法制化轨道。2007年4月3日，国家发展改革委、国家测绘局联合召开贯彻落实《基础测绘计划管理办法》视频会议，就贯彻落实该办法进行了全面部署。

为贯彻落实《基础测绘计划管理办法》，进一步做好基础测绘计划管理，推动《全国基础测绘中长期规划纲要》的实施，从2007年底开始，国家测绘地理信息局组织开展了基础测绘年度计划指标体系修订工作，联合国家发展改革委对指标体系进行了调整。调整后的指标体系，更加符合信息化测绘发展规律，更能适应全国基础测绘的生产、管理和服务方式发生深刻变化的态势，同时也使得基础测绘计划管

△2010年5月21日，测绘地理信息发展战略研究阶段成果评估会在中国测绘创新基地召开

理制度更加完善。

为进一步明确《全国基础测绘中长期规划纲要》中所确定的重大项目的目标和内容，增强其对后续年度计划及年度预算编制等工作的指导作用，国家测绘地理信息局开展了规划细化工作，在规划纲要原则性内容的基础上，进一步明确项目目标、任务年度实施计划，并编制印发了《全国基础测绘中长期规划纲要"十一五"规划项目表》，作为基础测绘年度计划和预算编制的重要依据，对建立基础测绘规划、计划和预算的有效衔接机制进行了有益的探索。

（二）"十一五"期间规划实施情况

党的十七大以来，国家测绘地理信息局积极贯彻《全国基础测绘中长期规划纲要》和《测绘事业发展第十一个五年规划纲要》。2009年，国家测绘地理信息局在全面总结《全国基础测绘中长期规划纲要》实施情况的基础上，形成了《<全国基础测绘中长期规划纲要>"十一五"执行情况评估报告》，2010年完成规划评估报告报批稿，上报国务院审批。

各项规划计划任务在国家发展改革委、财政部等部门的大力支持下，均得到了较好落实。其中，"国家西部1：5万地形图空白区测绘工程"已经于2011年完成竣工验收，获得国家财政投资11.7亿元；"国家海岛（礁）测绘一期工程"正在顺利推进，将于2012年底全面完成，财政部和国家发展改革委分别拨款10.6亿元和5.3亿元用于项目工程建设和项目基础设施建设；"资源三号"卫星地面应用系统项目建设稳步推进，初步设计概算为2.8亿元；国家现代化测绘基准体系基础设施一期工程即将进入实施阶段，2012年5月国家发改委批复的投资概算为5.18亿元。

此外，为进一步推动地理信息产业发展，国家测绘地理信息局积极争取国家支持，组织完成了卫星应用高技术产业化专项的申报和专家评审，2008年分别为四维图新

△国家现代化测绘基准体系基础设施一期工程启动暨出测仪式现场

科技公司、高德软件公司争取到国家发改委800万元和1000万元的资金支持，2009年分别为中国测绘科学研究院、北京天目创新公司和吉威数源公司争取到国家发改委1000万元、500万元和500万元的资金支持，2012年分别为北京四维空间数码科技有限公司和北京吉威时代软件技术有限公司争取到国家卫星及应用产业发展专项资金480万元和960万元。

（三）组织开展测绘地理信息发展战略研究

根据国务院统一工作部署，国家测绘地理信息局积极参加国家可持续发展国土资源战略研究，组织开展了测绘地理信息发展战略研究工作。在国家测绘地理信息局党组的指导下，成立了以徐德明局长为组长的指导组和以王春峰副局长为组长的课题组。

课题组编制了《测绘发展战略研究设施方案》，建立了9个专题研究小组，形成了包括大学、科研机构、事业、企业单位等20多家机构共100多人的研究团队，成立了由国家发改委、工信部、公安部、民政部、中国科学院、中国工程院、武汉大学以及军队测绘部门的专家组成专家咨询委员会。在研究过程中，先后征求了27家国土资源战略研究指导小组成员单位、国家测绘地理信息局机关、事业单位、地方测绘地理信息部门以及有关企业的意见与建议，累计咨询专家约500人次，各专题组进行了座谈调研和实地调研10次，召开专家咨询会、论证会、研讨会以及专题讨论会等会议30多次。经过各方共同努力，形成了《测绘发展战略研究报告》，并原则上通过了国家可持续发展国土资源战略研究指导小组审议会的审议。2012年6月18日测绘地理信息发展战略研究课题在中国创新基地顺利通过专家验收。

△全国测绘发展"十二五"规划编制工作会议现场

（四）"十二五"规划编制工作

"十二五"规划编制工作事关测绘地理信息事业今后五年的发展大局。国家测绘地理信息局组织开展了测绘地理信息事业"十二五"规划编制工作，形成了《测绘地理信息发展"十二五"总体规划纲要》，并于2011年6月份正式印发。

根据《国务院关于加强测绘工作的意见》和《全国基础测绘中长期规划纲要》的要求，积极推动基础测绘"十二五"期间转型发展，国家测绘局联合国家发改委、民政部、财政部、国土资源部、交通部、水利部、国防科工局、总参测绘局等八部门共同编制了《全国基础测绘"十二五"规划编制工作方案》，在2010年3月召开的第一次联席会议上，审议并通过了《全国基础测绘"十二五"规划编制工作方案》，成立了规划编制小组。经过修改论证与征求意见，形成了《全国基础测绘"十二五"规划》，并经国家发改委、民政府、财政部等八部门会签后，于2011年10月由九部门联合印发。

2011年，根据李克强副总理的重要批示和视察中国测绘创新基地时的重要讲话精神，为进一步促进地理信息产业发展，国家测绘地理信息局组织开展了《促进地理信息产业发展"十二五"规划》编制工作。

经国务院同意，《全国基础测绘中长期规划纲要》修编工作已被国家发改委纳入《"十二五"期间报国务院审批的专项规划整体预案》中。国家测绘地理信息局党组高度重视修编工作，组织编制了修编工作方案，召开了修编工作启动会和工作会，对修编工作进行了统一部署。《全国基础测绘中长期规划纲要》将由国家测绘地理信息局、国家发改委、财政部等部门会签后报国务院审批。

△海岛（礁）测绘

财政投入

稳定而持续的财政投入是推动测绘地理信息事业健康快速发展的原动力。党的十七大以来，在财政部、国家发展改革委等有关部门的大力支持下，测绘地理信息财政投入实现了稳步增长。

测绘地理信息部门收入主要由财政拨款、事业收入、经营收入和其他收入四部分构成，总体来说，十七大以来，测绘地理信息部门总收入达102.89亿元。按收入构成计算，财政拨款收入62.77亿元，占总收入的61%；事业收入25.06亿元，占总收入的25%；经营收入2.72亿元，占总收入的3%；其他收入11.43亿元，占总收入的11%。

测绘地理信息各项收入具体构成情况见下图（2012年数字为截止至2012年6月31日的数字，下同）。

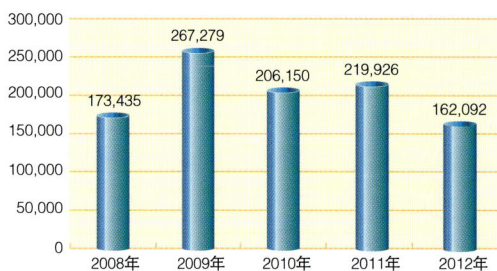

△总收入情况（单位：万元）

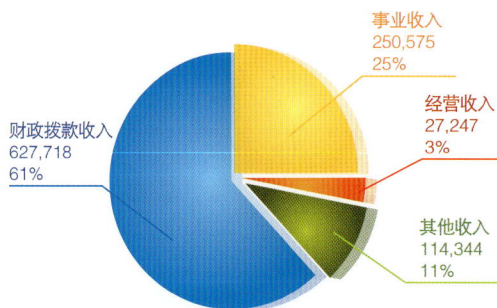

△收入构成情况（单位：万元）

（一）财政拨款收入情况

党的十七大以来财政拨款收入情况如下图所示。

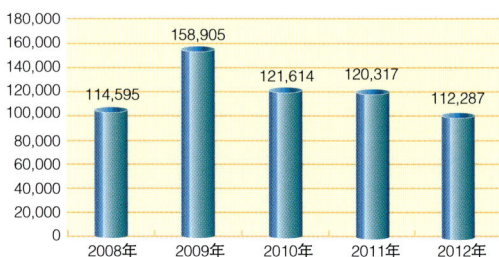

△财政拨款收入情况(单位：万元)

党的十七大以来，测绘地理信息部门财政拨款收入62.77亿元，其中，2009年因基本建设项目增加较多，收入的增幅最大，这说明，测绘地理信息事业作为基础性、公益性事业，主要资金需求应由财政保障。

（二）事业收入情况

事业收入主要包括对外提供测绘业务、技术服务和测绘成果应用转化等方面取得的收入。

党的十七大以来事业收入情况如下图所示。

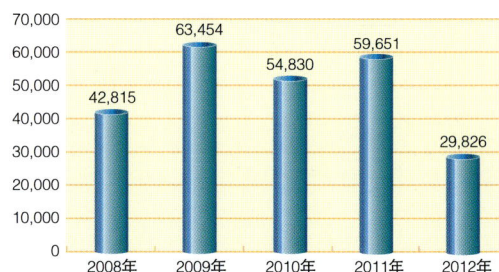

△事业收入情况(单位：万元)

党的十七大以来，测绘地理信息部门事业收入25.06亿元，呈逐年递增趋势。其中，2009年递增幅度较大，2010年虽有所下降，但总体增长趋势不变。事业收入是事业单位对外创收收入，是事业单位实现资金积累的主要来源。

（三）经营收入情况

经营收入主要包括房屋租赁收入、三产服务收入、经营活动创收等。未包括执行新闻出版企业会计制度的测绘宣传中心和哈尔滨、西安、成都三个出版社的经营收入。

党的十七大以来经营收入情况如下图所示。

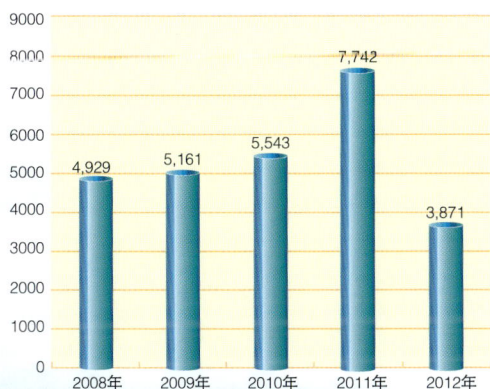

△经营收入情况(单位：万元)

（四）其他收入情况

其他收入主要包括地方政府的财政投入、与其他部门的横向合作项目收入、银行存款利息收入和职工集资建房款等收入等。

党的十七大以来其他收入情况如下图所示。

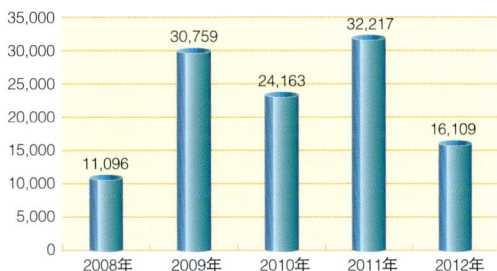

△其他收入情况（单位：万元）

依法行政

党的十七大以来，国家测绘地理信息局按照国务院的部署，深入贯彻实施《全面推进依法行政实施纲要》（以下简称《纲要》），积极推进依法行政、建设法治政府，加强制度建设，规范行政行为，坚持民主决策，创新管理方式，依法行政工作取得了重要进展。

（一）高度重视、加强领导

国务院《纲要》发布后，国家测绘地理信息局党组高度重视，成立了国家测绘地理信息局推进依法行政工作领导小组，领导和推动测绘地理信息系统深入开展依法行政工作。组长由国家测绘地理信息局局长担任，成员由国家测绘地理信息局机关各司（室）的主要负责同志组成。为推动各项工作任务落实，2006年，围绕测绘地理信息各项中心工作，制印发了《全国测绘系统推进依法行政五年规划（2006—2010年）》《全国测绘系统推进依法行政五年规划（2006—2010年）实施意见》，明确了测绘地理信息系统推进依法行政的指导思想和基本要求、工作目标和主要任务、实施步骤和保障措施。研究制定了测绘依法行政考核评估指标体系，组织开展了测绘依法行政五年工作考核总结工作。2011年，印发了《关于加强测绘地理信息法治政府建设的若干意见》，对进一步贯彻实施《纲要》、深入推进依法行政作了部署并提出明确要求。在2010年、2011年全国测绘地理信息系统贯彻落实科学发展观考核中，把依法行政作为重要的考核指标进行了考核。党的十七大以来国家测绘地理信息局依法行政工作做到了有领导重视、有工作部署、有具体任务、有检查督促，形成了全面推动依法行政的良好局面。

（二）依法行政、制度先行

党的十七大以来，国家测绘地理信息局以加强立法工作作为推进依法行政工作的基础，法制建设取得了很大进展。国务院颁布了《基础测绘条例》（2009年），印发了《国务院关于加强测绘工作的意见》（2009年）、《国务院办公厅转发测绘局等部门关于整顿和规范地理信息市场秩序意见的通知》（2009年）等一批重要的规范性文件；国土资源部出台了《地图审核管理规定》（2006年）和《外国的组织或者个人来华测绘管理暂行办法》（2007年）2个部门规章以及一批规范性文件，为测绘依法行政提供了制度保障。国家测绘地理信息局还注重做好法规文件的及时清理工作。2010年按要求对建局以来的全部规章、规范性文件进行了全面清理，宣布废止部门规章1件、规范性文件106件，宣布失效规范性文件36件，修改部门规章2件、规范性文件4件，为依法行政提供了明确的法律依据。

截至目前，我国已有1部测绘法律，4部行政法规，32部地方性法规，6部部门规章，近百部地方政府规章。党的十七大以来，测绘法律法规体系得到进一步加强和完善，为推进测绘系统依法行政、建设法治政府奠定了良好的基础，促进了测绘地理信息事业的健康发展。

△ 法律法规文本

△《基础测绘条例》专家论证会

（三）规范执法、明确责任

以规范执法作为推进依法行政的抓手，通过完善执法制度，推行行政执法责任制，加强执法队伍建设，加大行政执法力度，保证了测绘依法行政工作的有效推进。各级测绘行政主管部门加大执法力度，违法案件查处力度加大，仅2006年至2011年间，就开展执法检查22000多次，开展重大专项执法行动3100多项，立案调查违法案件3500余件，有效促进了《测绘法》贯彻实施，维护了法律的严肃性。根据国务院办公厅《关于整顿和规范地理信息市场秩序的意见》，国家测绘地理信息局与相关部门联合组织开展了全国地理信息市场专项整治活动、问题地图专项治理活动，通过整顿和规范，全国地理信息市场和地图市场秩序得到了明显好转，各类违法违规行为得到了有效遏制。大力推行行政执法责任制，分解和细化测绘行政执法职权，制定公布了《全国测绘行政执法依据》和《全国测绘行政执法职权分解》，建立了测绘违法案件备案制度和违法案件通报制度，从2006年起每年通报十大测绘地理信息违法案件，提高了测绘地理信息行政

执法的社会影响力。加强行政执法队伍建设，组织举办了9期测绘行政执法培训班，培训了2000余人次，向培训合格的执法人员颁发了测绘行政执法证。着力解决执法人员素质、执法经费、执法装备等问题，通过上述措施为逐步建立完善的行政权力公开运行机制打下了基础。

（四）科学民主、集体决策

国家测绘地理信息局按照依法行政的要求，完善了决策机制，坚持重大问题集体决策制度。修订了《中共国家测绘局党组工作规则》和《国家测绘局工作规则》，规范了内部决策程序，为科学、民主决策提供了制度保障。制定了《国家测绘局督促检查工作管理办法》，对决策的执行情况进行跟踪和检查，确保了决策得到正确有力的执行，对决策执行情况的跟踪和反馈，也为不断调整和完善决策打下了基础。在制度建设中，重视统筹安排立法项目，制定了《关于2005年至2010年测绘立法工作的指导意见》，并每年印发年度立法工作计划；规范改进立法程序，制定了《国家测绘局法规制定程序规定》和《关于进一步规范国

△2012年9月14日，《中华人民共和国测绘法》修订十周年座谈会

家测绘局立法工作程序的通知》；推进民主立法，建立了测绘立法专家咨询顾问制度，聘请专家学者担任测绘立法咨询顾问，采取信函征集、公示、座谈会、专家论证会等多种方式广泛听取社会意见，促进了立法工作的科学化、民主化。

（五）创新方式、规范审批

　　根据《纲要》提出的进一步转变政府职能，建设服务型政府的要求，党的十七大以来，国家测绘地理信息局制定了甲级测绘资质等10项行政审批的程序规定，并根据情况变化及时对审批程序规定进行了修订，通过明确审批流程，进一步规范了行政审批行为。2007年设立了行政许可集中受理厅，对"地图审核"和"涉密基础测绘成果提供使用审批"实行窗口集中受理，促进了审批工作的公开、规范运转。全国测绘系统基本实现测绘资质许可在线办

理。积极配合国务院部门行政审批项目集中清理工作，按要求对行政审批项目进行论证，取消和下放了部分行政审批项目。行政审批的规范化管理，进一步推动了测绘管理职能的转变。

（六）转变职能、推进公开

　　根据《纲要》提出的进一步转变政府职能，建设服务型政府的要求，重点加强电子政务建设，促进信息公开，在政府网站上设立和完善了行政许可程序指南、地图服务、在线办事、公众留言、网上咨询等栏目，突出了政府信息公开、办事公开和互动交流三项定位，确保人民群众关心的法律法规、重大政务信息、公共服务信息及时上网公布。出台《国家测绘局政务公开规定》，制定、公布《国家测绘局政务公开目录》和《国家测绘局政务公开指南》，建立了政务公开工作机制。建立了新闻发言人制度，采用新闻发布会、通气会、

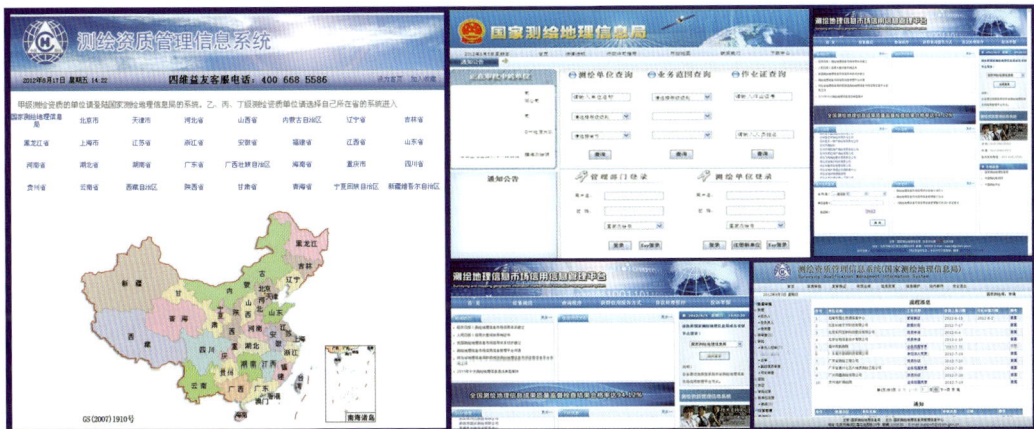

△ 测绘资质互联网管理系统

情况通报会、座谈会、书面发布和网上发布等方式，重点发布国家测绘地理信息局的重大方针、政策和决策，重要测绘成果和显著成就，广大群众普遍关心的热点问题，测绘突发事件，重要测绘活动等信息。

（七）宣传教育、增强意识

党的十七大以来，不断加强法制宣传教育，提高依法行政意识。在法制宣传工作中，创新载体，丰富内容，彰显特色，宣传实效进一步提高。每年面向全社会开展"8·29"测绘法宣传日主题、口号、公益短信、宣传标志、主题宣传画等系列有奖征集活动，组织测绘行业学法用法征文活动。相继与北京、福建、吉林、江西等省级人民政府联合开展了4次大规模的"8·29"测绘法宣传日主场宣传活动，层次高、规模大、效果好，测绘普法变"独角戏"为"大合唱"，极大地提升了测绘法制宣传的影响力。会同有关部门策划制作了《维护地理信息市场的一方"净土"》《警惕互联网地图泄密》等专题片，在中央电视台《新闻联播》《焦点访谈》《新闻会客厅》等品牌栏目中播出，在全社会引起了强烈反响。"五五"普法期间，测绘系统共5000多人参与普法，投入经费近2亿元，开展展览、竞赛、汇演、培训、集中宣传等各种普法活动1万多

次，普法受众达1.5亿多人次，提高了全社会的测绘法律意识，为依法行政和测绘地理信息事业发展营造了良好的社会环境。

通过不断强化培训，推动领导干部学法用法，提高依法行政意识和能力。国家测绘地理信息局建立了机关领导干部学法制度，将依法行政学习和法律学习纳入局党组理论学习中心组重要学习内容。结合公务员培训登记制度，对机关工作人员的学法时间和考试情况等进行登记。建立了地方测绘行政管理人员培训机制，大规模培训地方测绘管理干部。目前已举办6期培训，完成900多名地方测绘行政管理干部的培训，提高了基层测绘管理干部依法行政的意识和能力。

△ 市场监管

管理体制

（一）党的十七大以来测绘地理信息行政管理机构设置情况

2002年对测绘法进行修订时，对测绘管理体制作出了较大修改，从原来的分部门管理体制，改为测绘的统一监督管理。测绘法修订于2002年8月29日经第九届全国人大常委会第二十九次会议审议通过，其中第四条规定：

"国务院测绘行政主管部门负责全国测绘工作的统一监督管理。国务院其他有关部门按照国务院规定的职责分工，负责本部门有关的测绘工作。

"县级以上地方人民政府负责管理测绘工作的行政部门（以下简称测绘行政主管部门）负责本行政区域测绘工作的统一监督管理。县级以上地方人民政府其他有关部门按照本级人民政府规定的职责分工，负责本部门有关的测绘工作。

"军队测绘主管部门负责管理军事部门的测绘工作，并按照国务院、中央军事委员会规定的职责分工负责管理海洋基础测绘工作。"

根据此条规定，测绘管理体制建设在党的十七大以来取得了较大进展。

1. 国务院测绘行政管理机构设置

2009年政府机构改革中，国家局为国土资源部归口管理，在职责上进一步得到了加强。在原有职责的基础上，明确和强化了应急测绘保障、地理信息获取与应用监管、地理信息共建共享等方面的职能。2011年5月，经中编办批准，国家测绘局更名为国家测绘地理信息局。

2. 省级测绘行政管理机构设置

目前，从设置方式上，省级测绘行政管理机构分为有独立设置的机构和部门内设机构两类，其中，独立或者相对独立设置机构的有21个，约占全国省级测绘行政管理机构的68%；在国土资源部门或者规划部门内设置相应的职能部门的有10个，约占全国省级测绘行政管理机构的32%。

从编制性质上，省级测绘行政管理机构有16个属于行政机构，约占全国省级测绘行政管理机构的51.6%；有15个属于事业单位，根据地方性法规授权或者由省级人民政府明确授权行使测绘行政管理职责，约占全国省级测绘行政管理机构的48.4%。

国家局更名以后，局所属陕西、黑龙江、四川、海南测绘局相继更名。省级测绘地理信息部门迅速推进机构更名和体制完善，目前已有19个省级测绘局完成更名。浙江、湖北、新疆的省级机构还恢复了正厅级别，强化充实了职能。

3. 市级测绘行政管理机构设置现状

全国设区的市（地、州）总数为333个，设立测绘行政管理机构或明确测绘行政管理职能的有316个，约占市、地、州总数的95%。有86%的市级测绘行政管理机构设在国土资源部门，有14%的市级测绘行政管理机构设在建设或

▽2011年6月9日，国家测绘地理信息局换牌仪式

者规划部门。

国家局及部分省局更名后，河北、海南等对所有的市县进行了统一的更名工作，有50多个城市成立了测绘地理信息局或地理信息局。

4. 县级测绘行政管理机构设置现状

全国县（市、区）总数为2859个，设立测绘行政管理机构或明确测绘行政管理职能的有2453个，约占县（市、区）总数的86%。有94%的县级测绘行政管理机构设在国土资源部门，有6%县级测绘行政管理机构设在建设或规划部门。

综上所述，我国测绘行政管理机构设置建设的总体状况如下。一是，国务院测绘行政主管部门机构的性质、编制、人员相对稳定，内设机构随统一监管任务加重逐步增多；省级人民政府测绘行政管理机构的性质、编制多样化且具有不确定性，独立设置的测绘局呈逐渐减少趋势。二是，中央和省级测绘行政管理机构的职能比较明确；市、县两级测绘行政管理职能模糊且较弱。三是，在统一监管职能和任务不断增加的情况下，省级测绘行政管理机构和人员支撑总体上呈减弱趋势；市、县两级测绘行政管理部门少量增加，一些市、县采取独立设测绘局和加挂测绘局或测绘管理办公室牌子的方式。

（二）党的十七大以来测绘地理信息行业管理情况

党的十七大以来，测绘地理信息产业蓬勃发展，截至2012年5月底，全国测绘资质单位总数从2007年的10952家发展到12601家，五年来测绘资质单位数量增长近16%。

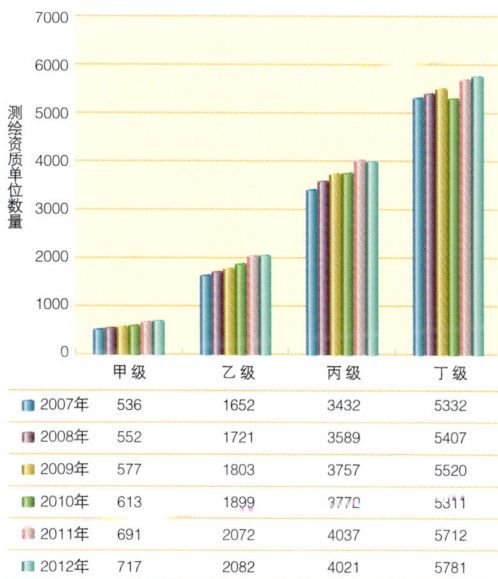

	甲级	乙级	丙级	丁级
2007年	536	1652	3432	5332
2008年	552	1721	3589	5407
2009年	577	1803	3757	5520
2010年	613	1899	3770	5311
2011年	691	2072	4037	5712
2012年	717	2082	4021	5781

△党的十七大以来测绘资质单位

2009年，为了规范和促进互联网地图服务健康有序发展，国家测绘地理信息局在测绘资质专业范围中增加了互联网地图服务专业，服务百姓日常生活的互联网地图服务快速兴起。截至2012年5月底，全国互联网地图服务资质单位共有336家，主要地区分布如下图所示。

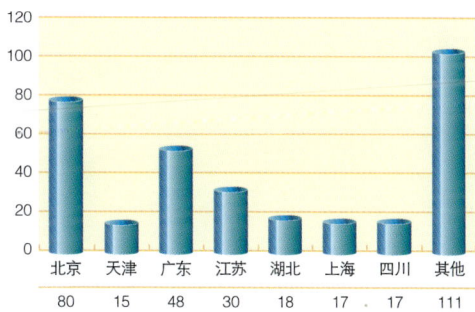

北京	天津	广东	江苏	湖北	上海	四川	其他
80	15	48	30	18	17	17	111

△互联网地图服务资质单位数量分布

45

抢险救灾行

△ "5·12" 汶川大地震灾后重建测量

△ 无人机在舟曲灾区作业

△ 为舟曲灾区供图

△ 再造一个新北川

△ 为汶川提供数据

△ 2012年9月8日，国家测绘地理信息局局长徐德明
深入云南彝良指导抗震救灾工作

▽ 2010年4月17日，国家测绘地理信息局局长徐德明检查玉树地震灾区制图工作

抢险救灾行

△ 玉树不倒，青海常青

▽ 2009年8月20日，国家测绘地理信息局局长徐德明在北川检查指导灾后重建测绘保障工作

数字城市

早在2003年，胡锦涛、温家宝等党和国家领导人就数字中国地理空间框架建设作出过重要指示，要求"推进'数字中国'地理空间框架建设"，"加快国家基础地理信息系统建设，构建数字中国地理空间基础框架"。2006年，为贯彻落实中央重要指示精神，国家测绘地理信息局和国务院信息化办公室联合印发了《关于加强数字中国地理空间框架建设与应用服务的指导意见》（国测国字〔2006〕35号），要求加快数字中国地理空间框架建设，促进地理信息资源开发、整合、共享和应用，更好地为国民经济和社会信息化服务。2007年9月13日，国务院下发了《关于加强测绘工作的意见》（国发〔2007〕30号），意见要求"紧密结合国民经济和社会信息化需求，在各级基础地理信息数据库的基础上，加强资源整合和数据库完善，为自然资源和地理空间基础信息数据库提供科学、准确、及时的基础地理信息数据；针对地方、部门、行业特色，在电子政务、公共安全、位置服务等方面，分类构建权威的、唯一的和通用的地理信息公共平台，更好地满足政府、企事业单位和社会公众对基础地理信息公共产品服务的迫切需要。使用财政资金建设的基于地理位置的信息系统，应当采用测绘行政主管部门提供的地理信息公共平台"。

六年间，数字城市地理空间框架建设由试点到推广，逐渐铺开。目前，全国已有31个省、自治区、直辖市的300余个城市开展了建设工作，100余个城市和10余个县域的数字城市地理空间框架已建成并投入全面应用。在强决策、精管理、惠民生、促发展等方面发挥了重要作用，也充分彰显了测绘地理信息工作的重要作用。

丰富了信息资源，促进城市信息化建设。对200余个城市20多万平方千米范围进行了高精度、高质量、高分辨率的航空摄影；采集处理了多种比例尺、各种类型、各种时相的海量基础地理信息数据；建成了一批规范、完整的基础地理信息数据库群，极大地丰富了城市地理信息数据资源，不仅从根本上扭转了城市建设管理与信息化发展中地理信息资源匮乏的问题，也为数字省区、数字中国的建设夯实了数据基础。

△2010年9月，数字临沂通过国家验收建成开通

△数字城市——公安警用地理信息系统

△数字城市建设专题研究班

转变了服务方式，有力支撑科学决策。各城市搭建了权威的、唯一的和通用的地理信息公共平台，并针对各应用部门的需求和信息化的实际情况，提供了直接调用、标准服务、二次开发和适配插件等多种灵活的应用模式，便捷了专业部门应用系统的开发。

改善与服务民生，让生活更加美好。数字社区、数字医疗等系统，便利了人们日常生活；数字公交系统实现了智能化调度，为广大市民提供了安全、便捷的公交出行服务。

带动多方投入，推动了产业发展。目前国家、省、市财政投入的数字城市建设资金已达到30亿元以上，同时带动影像获取、软件开发、系统集成、软硬件设备等领域的众多企业积极参与，吸引了不同形式资金的进入，极大地提高了地理信息产业市场规模，推动了产业快速发展。

创新了建设机制，全力推进成果共享。数字城市建设创建了国家测绘地理信息局、省级测绘地理信息主管部门和城市人民政府合作共建、成果共享建设模式。这种模式和机制有利于调动各方的积极性，有利于发挥各方的技术优势、资源优势和管理优势，有利于促进地理信息资源的共建共享。同时也进一步拉近了测绘地理信息工作服务政府、服务经济建设的距离，使其基础性作用得到了更直接、更充分的体现。

统一建设标准，突出科技自主创新。研制了《数字城市地理空间框架建设技术大纲》

《数字城市地理信息公共平台建设规范》《数字城市地理信息公共平台服务规范》等近30项国家标准、10余项行业标准，确保了各个数字城市能够纵向上与数字中国、数字省区、数字县域贯通，横向上可与相邻地区在空间上相连，专业上可与各种专题信息集成叠加。攻克了异构服务的聚合与再发布、动态缓存、负载平衡等一系列技术难关，率先在国际上实现了"分布式存储、多节点协同、一站式服务"，形成了以NewMap、MapGIS、SuperMap为代表的一批具有我国自主知识产权的软件产品，部分功能和性能指标优于国外同类产品，多项创新成果获得国家奖励。

健全长效机制，有效带动机构建设。在数字城市建设中，城市人民政府主导、组织相关部门共同参与，建立健全更新维护与应用推广的长效机制，以地方法规或政府文件的方式确立公共平台的权威性、唯一性和通用性地位，有效带动了地方测绘地理信息管理机构建设和职责落实。

开展广泛培训，培养造就专业人才。连续3年举办"数字城市建设专题研究班"，累计培训了近百名城市领导，得到广泛的认同；举办了学制3年的数字城市研究生班，已为各省、地市测绘地理信息部门培养研究生层次的高级技术人员30多名，使他们成为数字城市建设的中流砥柱；开展了50余次有针对性的短期技术培训，累计为省、市培训技术骨干3000多人次。

天地图

（一）打造地理信息自主在线服务平台

天地图是国家测绘地理信息局着力打造的我国自主的基于互联网的基础地理信息服务网站。作为中国区域内数据资源最为丰富的地图网站，天地图可以提供权威、可靠、统一、适用的在线地理信息服务，是测绘服务社会、服务民生的重要载体。2010年10月21日，天地图（测试版）开通；2011年1月18日，天地图正式版上线。截至目前，来自全球216个国家和地区、超过2.6亿人次访问了天地图，单日访问峰值超过665万人次。

国家测绘地理信息局党组将天地图列为"天字号"工程。徐德明局长多次强调："天地图是测绘工作中服务最广泛、应用最广阔的、最有影响、最有作为、最具代表性、最能融入千家万户的重要平台。必须从国家战略的高度认识加快天地图建设的极端紧迫性，举全国测绘之力，聚全行业之能，将天地图打造成为具有国际影响力的互联网地图服务民族品牌。"

（二）具有权威、标准的海量地理信息资源和支持二次开发的服务功能

天地图由国家级主节点、省级分节点和市级信息基地构成，集成了权威、标准的海量地理信息资源，具备多种二次开发功能软件接口，可提供"一站式"、多功能互联网地图服务，不仅为政府和专业部门提供服务，也可满足公众日常出行、信息查询等需求，同时为企业提供了增值开发平台。

（三）广泛服务社会大众

目前，基于天地图的应用呈现出"百花齐放"的局面，天地图已经成功为民政部救灾司、武汉江夏区政府、中央电视台"东方时空"栏目、教育部等数十个单位提供了应用支持，与国家旅游局、国家电网等数十家单位初步达成合作意向。另外，基于天地图的全国中小学校舍信息管理系统可展示中小学基本情况、校舍排查鉴定情况、中小学校舍安全工程

▽2010年10月21日，国家地理信息公共服务平台（公众版）——天地图（测试版）开通

建设进度与建设详细情况等，并实现了中小学校舍安全工程建设可视化过程管理；黑龙江位置服务中心通过GPS采集的车辆位置信息与天地图集成，实现了车辆行驶状况的实时监控；资源三号卫星数据服务网使用天地图作为成果目录查询底图，用户可通过天地图查看资源三号卫星数据影像成果的详细信息。

（四）备受中央领导同志关注

天地图的开通得到了中央领导的充分肯定。党和国家领导人胡锦涛、温家宝、李长春、李克强等都观看了天地图演示，并给予高度评价。2011年5月李克强同志在观看天地图演示后指出："天地图既是政府服务的公益性平台、产业发展的基础平台，又是方便群众的服务平台、国家安全的保障平台，是抢占国际竞争制高点的重要方面，甚至是突破口。"

△2010年10月，中共中央政治局常委、国务院总理温家宝观看天地图演示

△群众在使用天地图进行各类查询检索

△天地图——北京及周边地区地图

天地图 MAP WORLD
国家地理信息公共服务平台（公众版）

统一标准
联动更新
协同服务

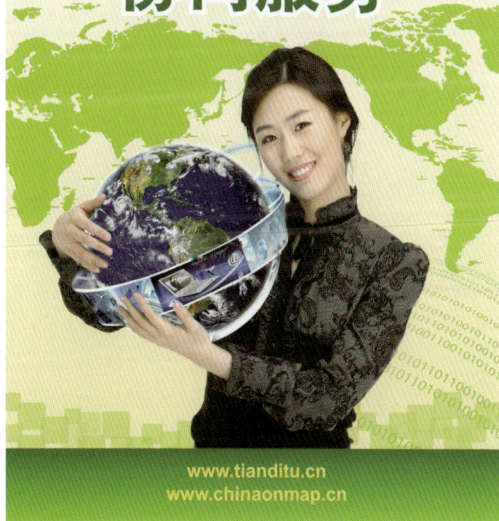

www.tianditu.cn
www.chinaonmap.cn

地理国情监测

地理国情监测工作是新时期党中央、国务院赋予测绘地理信息工作的新使命，是新时期经济社会发展对测绘地理信息工作的新需求、新要求，是测绘地理信息部门主动服务科学发展的重要职责和战略任务。李克强副总理在2010年全国测绘局长会议的批示中就指出"要加强基础测绘和地理国情监测"。2011年5月23日，李克强副总理在视察中国测绘创新基地时再次强调"要加强地理国情监测"，并高度概括了开展地理国情监测的重要性、紧迫性和必要性。2011年12月，李克强副总理对进一步做好地理国情监测工作作出重要批示："加强数字中国、天地图、监测地理国情三大平台建设，大力促进地理信息产业发展，全力推动测绘地理信息事业再上新台阶。"

2011年9月，国土资源部经会签科技部、国家发展和改革委、财政部向国务院上报的《关于国家测绘地理信息局开展地理国情监测的请示》得到了国务院同意实施的批复。国家测绘地理信息局根据批复内容，认真选择监测对象和内容，研究制定可行的技术方法、工作流程和工作机制，于2012年3月编制完成了《地理国情监测总体设计》《地理国情监测经费预算》，并已报财政部申请项目经费。2012年4月，与人社部共同举办了地理国情监测关键技术高级研修班，加强地理国情监测高层次技术管理人才培训。2012年5月，完成了地理国情监测实施方案讨论稿。福建、山西、陕西等七个省将开展地理国情监测工作列入本省"十二五"专项规划，其他各省（区、市）也将地理国情监测工作作为"十二五"期间测绘地理信息重点工作。

△2011年3月7日，国家测绘局、陕西省人民政府合作开展地理国（省）情监测试点工作签约仪式

国家测绘地理信息局从2011年3月起开展了国家、省、市三级地理国情监测试点，并对监测分类指标、技术体系、工作机制等进行逐步完善。目前已形成了部分监测成果，并在政府决策、部门管理中发挥重要作用，为全国大规模开展地理国情监测工作提供了借鉴。其中，陕西测绘地理信息局经省政府授权发布《陕西基本地理省情白皮书（2011）》和《陕西基本地理省情蓝皮书（2011）》，内容包括陕西省基本地理省情信息及近年来十个地市空间扩展变化、陕北煤田矿区地表沉降和塌陷、退田还林、造林治沙的地理空间分布等。浙江省完成了全省大陆海岸线、陆域面积、滩涂资源动态监测和湿地资源调查量测等。中国测绘科学研究院、国家基础地理信息中心，以及四川、黑龙江、辽宁、重庆等单位和省市也在道路交通、城镇建设、植被覆盖等方面形成了监测成果。

▽北京市70年代和2007年监测成果

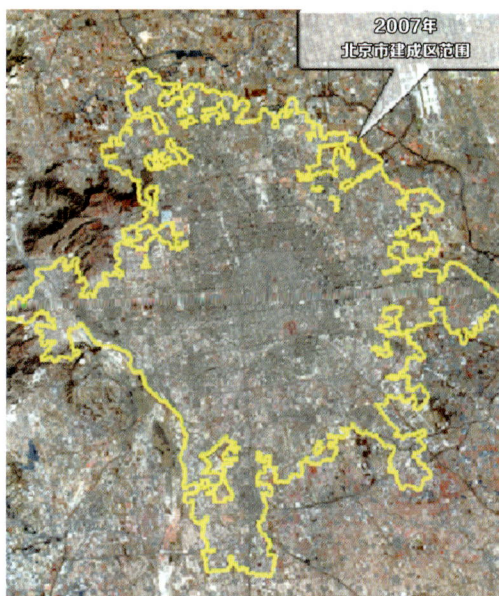

▽营口市土地利用变化

成果应用

（一）积极提供测绘成果保障服务

测绘地理信息部门努力践行科学发展观，围绕保增长、促发展的大局，积极提供测绘地理信息服务，在经济建设和社会发展中发挥了重要作用，受到有关领导、相关部门和社会各界的一致好评和充分肯定。2008年以来，共提供系列比例尺地形图25867幅、111394张，提供数字成果131900GB，提供航片1017387张、数据量261735.72GB及各类大地成果。

（二）推广测绘成果应用

2010年4月21日，国家测绘局正式发布1：25万公众版地图成果（国家测绘局2010年第1号公告）。该成果不仅是宏观、中观空间决策分析的基础，也是面向社会公众不可或缺的基础数据资源。

2012年2月24日，国家测绘地理信息局举行了2011版1：5万基础地理信息数据成果推广会，正式启用覆盖中国全部陆地国土范围的约

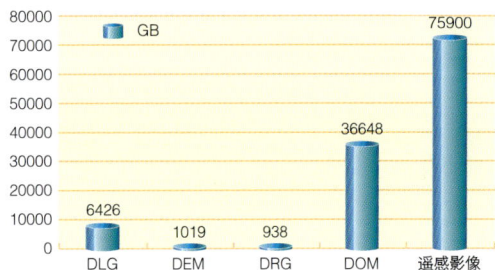

△党的十七大以来数据提供情况统计

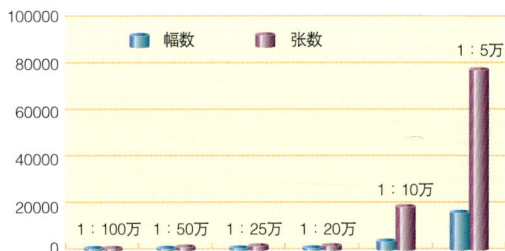

△党的十七大以来提供比例尺地形图情况统计

▽为"东方第一哨"提供地图服务

2.4万幅1：5万基础地理信息数据等最新成果，并赠予国务院办公厅电子政务办公室、公安部、民政部、国土资源部、交通运输部、农业部等十部门使用。

（三）服务宏观决策和科学管理

测绘地理信息成果为政府管理决策、公共服务等提供了重要保障，服务领域不断扩展，服务范围覆盖了国务院办公厅、全国人大、全国政协，和中央财经领导小组办公室、国家防汛抗旱总指挥部办公室、中联部、教育部、环保部、民政部、国家广电总局、国家质检总局、国家新闻出版总署、国家文物局、中国地震局、军事科学院等，以及云南、甘肃、四川、青海、新疆、河南、湖北、西藏等省级政府部门。

深化测绘地理信息成果应用服务，为中央办公厅、国务院办公厅，以及中联部、环保部、交通部、国家广电总局、国家新闻出版总署、国家质检总局、中国地震局、国家文物局、国家防汛抗旱总指挥部等提供地理信息辅助决策支撑服务，提高了政府管理决策水平。积极协助地方政府有关部门建立了基于地理信息的电子政务系统，推动了政务信息化建设。如福建省党政专用网、山东省工商管理经济户口地理信息系统等。为国办建设的全国空间信息系统，2006年至2010年共向领导同志报送8期重大灾害与突发事件影像地图刊物，其中包括20余幅影像地图，获得了国务院领导同志的好评。

（四）开展全国测绘成果保密检查

为贯彻落实中央领导的重要批示精神，促进和加强涉密测绘地理信息保密管理，2011年7月至2012年4月，国家测绘地理信息局、国家保密局联合组织各地各部门对全国范围内涉密测绘成果使用单位、测绘资质单位开展了一次拉网式检查。检查主要围绕涉密测绘成果加工、处理、存储、保管、提供、使用等环节，重点检查涉密测绘成果的使用保管、存储处理的安全保密管理情况。全国共有17769家单位按要求开展了自查，主管部门组织现场抽查7325家，责令落实整改1605家。查处严重违法及失泄密案件42件，涉案人员91人，对直接责任人、责任部门及负有领导责任的人员依法依纪进行了严肃处理。

通过检查，完善了管理制度，健全了防范措施，宣传了法规政策，教育了从业人员，达到了以查促管、以查促改、以查促教、以查促防的目的，有力地维护了国家地理信息安全，推动了地理信息产业健康有序发展。

△1：5万基础地理信息数据2011版成果推广会现场

应急保障

2008年以来，我国先后发生了四川汶川特大地震、青海玉树地震、甘肃舟曲泥石流等重大灾害，测绘以自身独特优势在应急保障和灾后恢复重建中发挥了巨大作用。国家测绘地理信息局科学部署，精心调配，开展了大规模灾区的基础测绘工作，为灾后救援指挥、灾后损失评估、灾后重建规划提供了大量遥感影像、地形图、规划专题用图、灾情监测评估地理信息系统等。先后开展了四川、陕西、甘肃三省的汶川地震灾后恢复重建重大测绘专项工程、青海玉树地震灾后重建测绘保障工程、甘肃舟曲测绘保障等工作，取得了丰硕成果，恢复了灾区的测绘基准，测制了系列比例尺基础地理信息成果，完善了应急测绘地理信息保障体系。灾后重建测绘成果已广泛应用于灾情调查评估、科学规划、突发事件处置和防灾减灾、次生灾害治理和各项基础设施工程建设，彰显了测绘地理信息工作基础性、先行性和不可或缺的保障作用，展示了测绘地理信息工作保障服务灾区建设的作用，弘扬了测绘精神，进一步扩大了测绘地理信息工作的影响力。

（一）应急保障服务机制更加完善

国家测绘地理信息局认真履行"组织提供测绘应急保障"职责，成立测绘应急保障领导小组，领导、统筹全国测绘地理信息应急保障工作。制订了《国家测绘应急保障预案》和应急保障工作流程，建立起测绘地理信息应急保障运行机制，推动测绘地理信息应急服务快速化、规范化和制度化。各省级测绘地理信息行政主管部门及局属有关单位也制定了本地区本单位的测绘地理信息应急保障预案。全国测绘地理信息应急保障工作机制健全、职责明确、流程清晰，有力地保障了应急工作的顺利开展。

（二）应急保障服务能力显著提高

组织建立了国家级和省级测绘地理信息应急保障队伍，保障了全国测绘地理信息应急保障工作顺利开展。据不完全统计，全国测绘地理信息部门2010年参与防灾减灾的人员合计达6385人。充分利用全国和地方各级基础地理信息数据库资源，并建设了应急保障综合数据库。积极推进具有国际先进水平的无地面控制航空摄影、机载合成孔径雷达等高新测绘地理信息技术在应急保障工作中的运用。一批国家地理信息应急监测车已陆续交付广西、陕西、四川、河北、福建等省区使用。开展了应急快速制图技术研究。构建公共应急服务地理信息平台，完善了应急保障服务体系。

（三）应急保障服务工作成效明显

在2008年年初抗击南方雨雪冰冻灾害中，国家测绘地理信息局联合民政部开通面向公众

△ 无人机用于玉树地震灾区的航空摄影任务

△2012年9月，为云南彝良地震提供测绘应急服务的灾情地理信息服务系统，在国家测绘地理信息局和国家减灾委官方网站及时向社会公众发布灾情地理信息；在国家动态地图网上开设"2008雨雪灾害专题"，发布灾情统计专题地图；联合国家气象信息中心快速制作了《我国近期低温雨雪冰冻灾害态势图》《雪灾造成重大影响，政府组织全力抗灾》《全球雪灾分布示意图》三幅专题地图，反映此次雨雪冰冻灾害的情况以及各级政府领导下的抗灾救灾情况。在2008年5月12日四川汶川特大地震发生后，测绘地理信息部门提供专题地图300多种、灾区地图5.3万张、遥感影像等基础地理信息数据约12000GB；在2010年4月14日青海玉树强烈地震发生后，提供地形图4088张、专题图1315张、专题数据13GB、基础地理信息数据396GB、遥感影像图20470张、遥感影像数据6848GB、应急保障信息系统40套；在2010年8月7日甘肃舟曲特大山洪泥石流地质灾害发生后，提供地形图285张、专题图279张、基础地理信息数据278GB、遥感影像图1520张。在北京奥运会期间，国家测绘地理信息局与北京奥组委、北京市政府联合开发了奥运地理信息公共服务平台，使北京奥运会官方网站成为奥运历史上第一个使用动态电子地图的奥运官方网站；组织研制奥运测绘保障服务系统，为"卫士2008"奥运安保、中央电视台奥运新闻报道提供测绘保障服务；为安全部和奥运安保提供珠峰火炬传递保障用图。在应对其他重大自然灾害中，在处置利比亚撤侨等国际突发事件中，在上海世博会、广州亚运会、西安花博会等重大活动的安保指挥中，快速获取了大量急需的测绘地理信息成果资料等，满足了党中央、国务院、中央有关部门、地方党委政府，以及前线救灾指挥机构、救灾救援单位和社会公众等多方面工作的需要，并受到各方好评，被誉为"灾区上空的眼睛"。

△为2010年世博会场馆建设提供测绘保障

基础测绘

（一）国家1∶5万数据库更新工程顺利完成

　　为满足和保障国家经济社会发展实际需求，自2006年起，以国家测绘地理信息局为主、军地测绘部门共建，以及全国31个省（自治区、直辖市）的测绘地理信息部门，共150多个单位6000多名测绘工作者参加，实施了国家1∶5万数据库更新工程。工程完成了20多万张航空像片和8000多景卫星遥感影像的信息处理，录入了近600万条地名，描绘了1.4亿个地理要素，完成了19150幅1∶5万基础地理信息数据的全面更新。更新后的信息要素由原来的101类增加到437类，现势性整体提升20～30年。通过实施国家1∶5万数据库更新工程，实现了1∶5万地形图数据"从有到优、从旧到新"，大大提升了基础地理信息的适用程度。工程按照"边建设、边应用"的原则，以应用促建设、以建设促服务，成果已在国家重大项目、经济发展、应急救急保障等方面发挥了重要作用。国家1∶5万数据库更新工程的顺利完成，为构建数字中国地理空间框架、全面建设"一张图、一个网、一个平台"奠定了基础，标志着我国地理信息服务能力进入世界先进行列，也为推动测绘地理信息事业"十二五"转型发展奠定了坚实基础。

（二）国家西部1∶5万地形图空白区测图工程填补空白

　　国家西部1∶5万地形图空白区测图工程是

▽1∶5万基础地理信息数据更新外业生产

党的十七大以来完成的一项重大测绘工程。在国家测绘地理信息局的精心组织下，在有关部门和地方政府的鼎力支持下，累计投入7500人次、各类设备车辆6500台，测绘地理信息建设者顽强拼搏、共同努力，野外行程约1800万千米，战胜了高原缺氧、生命禁区等诸多恶劣条件的挑战，完成了5032幅1：5万地形图的测绘任务，建立了西部1：5万基础地理信息数据库，建成了服务西部6省区的7个基础地理信息公共平台及相应的图集图件，形成一批世界一流水平的自主创新成果，实现了"四创新、一创优"的工程建设目标。西部测图工程建设成果将对加快西部大开发、大建设、大发展、大繁荣起到重要的支撑和保障作用，在西部地区经济社会建设、重大工程建设、政府决策和信息化管理、资源勘探开发、生态环境保护、突发事件应急处置、保障国家安全等方面显现出广阔的应用前景。国家西部测图工程的顺利完成，标志着全国1：5万地形图"一张图"测制完成，数字中国地理空间框架初步建成。国家西部测图工程改写了我国西部地区200多万平方千米国土无1：5万比例尺国家基本图的历史，首次实现了1：5万地形图对我国陆地国土的全面覆盖，是中国测绘地理信息发展史上的重要里程碑。

（三）2000国家大地坐标系推广应用积极推进

面对空间技术、信息技术及其应用技术的迅猛发展和广泛普及，经国务院批准，我国自2008年7月1日起启用2000国家大地坐标系。国家测绘地理信息局积极开展2000国家大地坐标系的推广工作，负责制订了2000国家大地坐标

▽西部测图外业生产

△ 中国水准原点

△ 中国大地原点

系转换实施方案，为各地方、各部门现有测绘成果坐标系转换提供技术支持和服务。完成了2000坐标推广应用阶段性成果验收，解算出了三、四等三角点的2000坐标系坐标，制订了基础地理信息成果由原有坐标系向2000坐标系转换的技术方案，制订了2000坐标系下建立独立坐标系的技术方案。举办了多期技术培训班，为各省开展2000坐标系推广应用工作提供了技术支持。2010年完成了1：5万、1：25万基础地理信息数据库坐标系的转换并向社会提供。

（四）航空航天遥感资料获取

2007年以来，国家基础航空摄影项目完成航空摄影约400万平方千米，订购5～0.5米中高分辨率卫星影像约420万平方千米，MODIS数据覆盖全国范围两遍。国家为该项目共投入经费约5亿元，其中，航空摄影经费3.9亿元，订购卫星影像经费1.1亿元。

项目获取的影像资料不仅为基础测绘工作的顺利开展提供了影像信息资源，同时还广泛应用于社会各领域，发挥了积极、重要的作用。一是为基础测绘生产提供影像数据源服务。国家基础航空摄影安排航空摄影71万平方千米，订购分辨率优于2.5米的卫星影像274万平方千米，解决了1：5万基础地理信息数据更新急需的影像资料。"十一五"期间，

省级基础测绘经费大幅增加，对影像数据源需求旺盛，为满足各省1：1万基础测绘需求，安排航空摄影330万平方千米，订购高分辨率卫星影像约15万平方千米，最大程度上满足了省级基础测绘生产的需要。此外还安排了15万多平方千米高分辨率航空摄影，用于数字城市建设。二是为国家重大测绘专项工程获取所需影像。为解决我国西部1：5万无图区测图问题，安排了航空摄影22万平方千米，机载雷达影像11万平方千米，订购卫星影像数据327万平方千米；为明长城测量项目安排重要区段航空摄影2.1万平方千米；为927工程安排航空摄影3.3万平方千米，订购2.5～5米卫星影像数据172万平方千米。此外，利用国家基础航空摄影项目积累的原始影像资料，为地理信息应用与公共服务平台建设等提供了相关的影像数据，特别为天地图网站及时提供了大量现势性良好的影像数据。三是为应急救灾及灾后重建获取影像。在2008年"5·12"汶川大地震和2010年玉树大地震中第一时间获取了地震灾区的光学、雷达、激光雷达（LIDAR）等多种影像数据，及时向国务院、抗震救灾指挥部及国家和地方的救灾部门提供，满足灾害紧急救援的需要。灾后重建中，又安排了汶川地震灾区13.6万平方千米的航空摄影，玉树地震灾区9600平方千米航空摄影，为灾后重建规划和建

△ 激光雷达城市三维仿真图

设提供科学可靠的地理信息支撑和保障。四是为其他部门重大项目提供影像数据服务。为近年来开展的第二次全国土地调查、第一次全国水利普查、第八次全国林业普查、第三次全国文物普查等重大普查调查项目无偿提供了大量影像数据，受到有关部门的好评。此外，国家基础航空摄影资料为国防、国土安全、科研、水利等部门提供了良好的服务，充分发挥基础影像资料的作用。

影像获取体制机制不断优化。国家测绘地理信息局卫星测绘应用中心也已于2009年底正式成立，我国首颗高分辨率民用立体测绘卫星资源三号已于今年初发射成功并已得到广泛应用。政府采购工作进一步规范，管理制度更加完善。为解决资金投入不足问题，引入了省级配套资金，开展了高分辨率航空摄影试点工作，为调动和发挥航摄企业的积极性，采用数字省区航摄模式以及低价购买已有影像数据等多种方式，对社会化多元投入进行了探索。同时，国家测绘地理信息局进一步加强与航摄单位、卫星影像数据供应商的联系，通过稳定影像获取经费投入，提高技术和管理人员职业素质，强化技术标准的权威性，与航摄企业和卫星影像数据供应商等建立了良好的合作伙伴关系，可以以最优惠的价格获得最优质的服务。同时加强制度创新，不断修订完善相关管理制

度和措施，提高管理水平和效率，通过政策引导，切实保护企业利益，关注企业成长，使企业在发展的同时有效地为国家测绘地理信息事业提供最优质的服务。

（五）社会主义新农村测绘保障

2007年以来，为了深入贯彻党中央、国务院《关于推进社会主义新农村建设的若干意见》文件精神，国家测绘地理信息局统筹规划，精心组织，出台相关政策，指导新农村建设测绘保障服务工作。在各省市、自治区选择不同地域、不同类型的新农村测绘保障服务项目，列入国家基础测绘项目计划，予以配套的资金支持，已先后完成43个新农村测绘保障服务示范项目。此项工作开展以来，各省、市、自治区测绘地理信息部门充分利用测绘高新技术和地理信息资源优势，推出了大量适农惠农

△ 新农村测绘作业

△ 新农村测绘保障

测绘产品，取得了丰硕的成果，已累计测绘各类地形图和影像地图101878幅、编制专题地图423张、建设县域基础地理信息平台13个、开发涉农地理信息服务系统25个。项目成果为新农村建设规划、农村基础设施建设、生态环境治理、基本农田保护、农村信息化建设、防灾减灾、农村旅游开发以及丰富农民的物质文化生活等提供了快捷、实用的保障服务，充分发挥了测绘在新农村建设中的基础性作用。

（六）测绘援疆援藏成果丰富

按照中央对测绘援疆工作的总体要求，国家测绘地理信息局组织开展了形式广泛、内容丰富、成效显著的测绘援疆工作。2010年8月出台了《国家测绘局关于加强测绘援疆工作的意见》，明确了测绘援疆工作的目标任务，确保测绘援疆长期有效实施。并组织召开了全国

测绘援疆工作座谈会，全面部署和开展全国对口援疆测绘保障与服务工作，从资金、项目、装备、技术、人才、服务等方面提出援疆十项措施，组织了资金、影像数据、仪器设备、软件系统等多种方式的捐赠活动，捐赠的款物价值约1.7亿元。"十一五"以来，累计向新疆投入基础测绘资金2.6亿元，实施了约70万平方千米1：5万比例尺基础测绘工作，开展了基础航空摄影、数字城市地理空间框架建设、新农村地理信息系统建设、边远地区少数民族地区基础测绘专项补助和支援新疆人才等项目。

按照党中央、国务院有关援藏工作的重大决策部署，国家测绘地理信息局2007年7月印发了《关于继续做好人才援藏工作的通知》，进一步明确了人才援藏的工作机制。2009年8月19日，国家测绘地理信息局在西藏拉萨召开首次全国测绘系统援藏工作会议，并向西藏自

治区测绘局捐赠了测绘航空遥感飞机，向西藏自治区基础地理信息中心捐款。会后出台了《国家测绘地理信息局关于加强测绘援藏工作的意见》，从人才、资金、物资、技术、项目等各方面给予支持和援助。"十一五"期间，国家测绘地理信息局向西藏地区提供了大量1：5万、1：25万数字化基础测绘成果，累计约12000幅（点），数据量达到80 GB，基本保障了西藏自治区各级政府和部门对西藏地区基础地理信息的需求，较好满足了西藏地区经济建设、社会发展等的需要。

△援疆测绘工作

▽援藏测绘外业

装备设施

基础设施是保障测绘地理信息事业健康快速发展的物质基础。国家测绘地理信息局研究制定了促进信息化测绘体系建设的技术装备政策，起草完成了《加强现代化测绘技术装备建设，促进信息化测绘发展的指导意见》，明确了测绘装备建设方向。大力推进测绘地理信息技术装备的自主创新、研制具有自主知识产权的测绘仪器装备，推动以数字化、智能化、自动化、多功能、高精度和小型化为特征的新一代测绘地理信息技术装备在生产一线推广应用，改善了我国地理信息获取与处理、存储与管理、服务与应用等方面的技术装备条件，显著提升了我国测绘地理信息基础设施的整体水平。

（一）技术装备建设

测绘地理信息装备建设成果显著。2012年1月9日，我国第一颗民用高分辨率立体测绘卫星资源三号卫星成功发射。资源三号立体测图卫星遨游太空并成功传回高质量遥感影像，多项技术指标达到或优于国外同类型测绘卫星，实现了我国在该领域的重大突破，开启了我国自主卫星测绘的新时代。

以无人机航空摄影装备为代表的地理信息

△ 海量数据存储处理中心

△ 出测车队

航空遥感获取能力建设已经起步。从2010年起在全国测绘地理信息系统推广应用固定翼轻型无人飞机航摄系统。目前，已完成全国各省级测绘地理信息行政主管部门约100多架无人飞机航摄系统的配备，组织超过300人次的无人飞机航摄系统技术与标准培训。河北省、山东省还购置了航摄直升机。

无人飞机航摄系统具有灵活机动、高效快速、精细准确、作业成本低等特点，在小区域和飞行困难地区高分辨率影像快速获取方面具有明显优势，已广泛应用于国家重大工程、城市规划、新农村建设等方面，尤其在抗击青海玉树地震、甘肃舟曲泥石流、四川特大水灾、海南特大水灾、云南盈江地震等重大自然灾害和灾后重建中为了解灾情、指挥决策、抢险救灾及重建规划发挥了重要作用，收到了显著成效。

以数字航空相机(DMC)、IMU/DGPS辅助航空摄影测量系统、激光雷达（LIDAR）系统和雷达干涉测量（INSAR）系统为代表的新一代航空遥感系统已经投入使用。2007年，自主知识产权的四维数字航摄仪（SWDC）研制成功，改变了该类设备长期以来依赖进口的局面，成为地理信息获取与更新的重要装备。

此外，道路移动测量装备等一批代表测绘

△ 国家地理信息应急监测车在工作

地理信息技术发展方向的地理信息数据高端获取设备逐步推广，地面地理信息获取能力进一步增强。2011年9月，全国第一辆国家地理信息应急监测车交付广西使用。国家地理信息应急监测车包括应急三维地理信息与任务规划系统、无人机遥感影像获取系统、地理视频采集系统、应急遥感影像快速处理系统、数据远程传输系统、应急运输保障系统和移动会议系统，是一套具备应急地理信息快速获取、处理和远程数据传输功能的新型应急测绘保障装备，可为重大自然灾害、社会公共安全等突发事件的处置提供全流程应急测绘服务。

（二）基础设施建设

国家测绘地理信息局党组深入学习实践科学发展观，解放思想，紧抓机遇，及时果断作出了创建中国测绘创新基地的决策。在国土资源部、发展改革委、财政部、国管局等部门的大力支持下，在地方测绘地理信息部门的积极参与、全国行业单位以及社会各界的鼎力相助下，国家测绘地理信息局规范管理，超常运作，精心设计，精心组织，在短短八个月时间

内，高质量、高品位、高效率地完成了基地建设项目论证、谈判购置、资金筹措、权证过户、项目审批、环境绿化、装修改造、展览陈列等各项工作，建成了信息化、网络化、生态化、现代化的中国测绘创新基地，实现了测绘干部职工53年的夙愿。显著改善了测绘科研、生产、服务、管理和生活条件，标志着我国测绘基础设施建设迈上了一个新的台阶，极大增强了测绘干部职工的荣誉感和自豪感。

△ 国家测绘局第一批固定翼轻型无人飞机航摄系统交接仪式

科技进步

党的十七大以来，测绘地理信息科技工作认真落实"十一五""十二五"发展规划，结合测绘地理信息事业发展实际需要，不断推进测绘地理信息科技进步，完善体制机制，着力自主创新，狠抓基础研究，加快关键和核心技术研究攻关、提升保障能力，各方面取得了明显进步，重点科技领域硕果累累。

（一）完善创新体系，奠定发展基础

党的十七大以来，着力加强以测绘地理信息科技创新组织体系、政策制度等为主要内容的测绘地理信息科技创新体系建设。在组织体系建设方面，以调整结构、转换机制为重点，形成了由知识创新体系、技术创新体系、技术应用体系、科技管理与服务体系构成的较为完善的测绘地理信息科技创新组织体系。

从2006年到现在，国家局重点实验室和工程技术研究中心由9个增加到17个。研究领域从大地测量、摄影测量与遥感、工程测量和测试计量拓展到地理信息工程、对地观测、海岛（礁）测绘、环境与灾害监测等，基本覆盖了测绘、矿产、海洋、环境与灾害监测等应用领域，全面提升了测绘地理信息科技创新能力。国家级测绘科技创新平台建设工作取得重要进展，国家测绘工程技术研究中心于2009年正式组建。到目前为止，知识创新、技术创新及技术应用各环节紧密联系、层次清晰、交叉融合的完整的测绘地理信息科技创新组织体系基本形成，为提升测绘地理信息科技自主创新能力奠定了重要基础。

（二）出台政策法规，引领科技发展

在政策环境建设方面，"十一五"以来，根据胡锦涛总书记对测绘技术储备、科技成果转化和能力建设提出的要求和温家宝总理对加强测绘基础研究和能力建设的要求，先后出台了《国家测绘局关于加强测绘基础研究和能力建设的意见》《国家测绘局关于加强测绘科技自主创新的意见》，对测绘地理信息科技创新的总体思路、工作重点、保障措施等作出统筹安排。制定并实施了《国家测绘局重点实验室建设与管理办法（试行）》《国家测绘局实验室评估规则（试行）》和《国家测绘局工程技术研究中心评估规则（试行）》，形成了创新体系建设、运行、管理、评估等一整套的规章制度，推动了重点实验室和工程技术研究中心的规范化运作和健康发展。印发了《测绘自主创新产品认定管理办法（试行）》，制定了《测绘自主创新产品认定管理办法（试行）实施细则》，通过成果鉴定、科技奖励、产品认定等方式，营造激励自主创新的环境。为增强我国自主创新能力，提高我国测绘地理信息科技的国际竞争力，印发了《国家测绘局关于加快实施测绘"走出去"战略的若干意见》，对继续引进学习先进测绘科技，提高自主知识产权地理信息产品服务和技术装备的国际竞争力、深化测绘科技及人才国际交流等方面作出详细安排。

（三）科技长足进步，创新成效显著

涌现出了以数字航空摄影仪、机载合成孔径雷达测量系统、移动测绘系统、无人机遥感测量系统、新一代数字摄影测量、遥感影像数据综合处理及测图系统、地理信息动态数据库、公众版国家地理信息公共服务平台天地图等为代表的一大批自主研发的国产软硬件装备和系统，提升了民族产业发展水平和核心竞争力。这些成果为信息化测绘能力奠定了坚实

△资源三号卫星交付仪式

的技术基础，在构建数字中国地理空间框架、政府管理与决策服务、突发事件应急处理、新农村建设、汶川地震、大型公共基础设施建设等方面发挥出了重要作用，为"927测绘工程""数字城市建设""国家西部1：5万比例尺地形图空白区测图工程""资源三号卫星工程"等重大工程的顺利实施提供了有力的测绘地理信息科技支撑。

党的十七大以来，共有数10项测绘地理信息科技成果获得国家科技进步奖、国家自然科学奖、国家技术发明奖、国际科学技术合作奖等国家级奖项，千余项测绘地理信息科技成果获得省部级科技奖项。科技奖励工作不断激励测绘地理信息科技队伍发展壮大，更多优秀的测绘地理信息科技人才脱颖而出。

1. 大地测量技术方面

建立了我国地心坐标系统CGCS2000，在困难或特种地区定位、组合定位导航、精密单点定位、卫星测高等方面的理论与技术研究取得了一系列成果。我国已经开始研究实施自主的卫星重力计划，着手建立我国自主的重力测绘卫星系统，航空重力测量也已成为区域范围内获取高精度高分辨率重力场的有效技术手段，建立了DQM、IGG和WDM三个模型系列。近年来，很多省市纷纷建立了分辨率为2.5′×2.5′的高精度似大地水准面，精度可达厘米级。

2. 摄影测量与遥感技术方面

参与研制了我国首颗高分辨率民用测绘卫星资源三号卫星。卫星测绘应用技术取得突破。开展了IMU/DGPS辅助数字航空摄影测量、大面阵大重叠度航空数码相机、三线阵航空数码相机、机载激光雷达系统、机载合成孔径雷达系统、数字低空遥感等技术研究。自主研发的SWDC系列数字航摄仪、机载多波段多极化十涉合成孔径雷达（SAR）数据获取集成系统，填补了国内空白。车载三维数据获取、地基无线传感器网络系统等方面的技术瓶颈得到突破，我国自主研发LD2000-R型系列移动道路测量系统处于国际先进水平。研发成功了半自动化的微机数字摄影测量工作站JX-4C DPS、全数字化摄影测量系统VirtuoZo以及数字摄影测量网格系统DPGrid、高分辨率遥感影像数据一体化测图系统PixelGrid，推出了专业化的SAR影像处理软件，在遥感影像信息解译与目标识别智能方法、陆地遥感数据同化、新型遥感器数据的定标技术等方面取得明显进展。地理信息应急监测车、无人机航空摄影系统、PDA数字地形测图系统等数据快速获取装备研制成功并投入实际应用。解决了基于影像快速更新、缩编更新、质量控制等难题，形成了我国1：5万基础地理信息全面更新的技术体系。

3. 地图制图学与地理信息技术方面

在地图学理论、地图符号、地图模型、地图认知和地图综合等方面取得了丰硕成果，逐步形成地理信息科学理论基础，地图学的研究正朝着智能化、虚拟化、功能多极化、主客体一体化等方向发展。在空间数据不确定分析与质量控制方面走在了世界前列，并取得一系列重要成果。在地理信息系统（GIS）软件方面，从综合性GIS基础平台软件发展到基础平台软件、公共服务平台软件、应用开发平台软件、专项工具软件和应用软件系列产品，均达到国际先进水平。研制了完全自主知识产权的无级式地图工作站并得到具体应用。

地图出版

（一）积极提供地图公共服务

及时更新网络版标准地图，供社会各界免费浏览、下载和使用。2008年7月18日，国家测绘地理信息局政府门户网站更新888幅网络版标准地图。

为重要赛事提供专题地图。2008年，国家测绘地理信息局协助编制了北京奥运会火炬传递路线工作用图，为提前做好火炬境内外传递路线的设计预案起到了至关重要的作用；协助编制了《北京奥运场馆旅游交通图》（场馆篇）袖珍版地图、《北京奥运旅游交通图》（综合版）、《北京奥运场馆旅游交通图》（香港版），为公众出行观赛提供服务保障；为北京奥组委组织编写的《观众指南》《奥林匹克大家庭指南》《残奥会大家庭指南》等多本图书绘制了32幅地图插图。

编制地图集展示改革开放成果。为了展示中国改革开放30年的光辉历程和辉煌成就，讴歌中国改革开放的伟大实践，联合国家发展和改革委员会、国家统计局等18部门共同编制《地图见证辉煌——中国改革开放30年》。地图集于2008年12月5日在京首发。12月25日，专题网站开通。

编制领导用图服务宏观决策。2009年，印发《国家测绘局关于开展领导机关用图编制工作的通知》，在全国部署领导机关用图编制工作，指导各地开展相关工作；召开编制中央、国务院领导工作用图项目设计书专家论证会，并启动相关编制工作。2011年，向中央办公厅、国务院办公厅、外交部、国家发改委等20余部门提供领导工作用图100余幅，得到了上级领导和用图单位的好评。

发布红色地图向我党90周年华诞献礼。向各省级测绘地理信息行政主管部门下发了《国

△ 各种图册

家测绘局关于组织"庆祝中国共产党成立90周年"等专题地图编制和服务工作的通知》，周密部署相关工作。2011年6月22日，"红色地图"发布会隆重举行，系列"红色地图"正式向社会发布。全国测绘地理信息部门30余家单位出版和发行百余种"红色地图"产品，呈现出立体化、空间化、动态化、影像化、网络化五大特点。"红色地图"部分成果广泛应用于宣传、文化、旅游等领域。

（二）广泛开展国家版图意识宣传教育

国家测绘地理信息局联合中宣部、外交部等13个部门成立全国国家版图意识宣传教育和地图市场监管协调指导小组，通过开展多种形式的国家版图意识宣传教育，进一步提升广大群众的版图意识和辨别"问题地图"的能力，有力地维护了国家主权和领土完整。2008年3月，国家测绘地理信息局在全国范围内开展国家版图和地理信息安全宣传网络公益广告作品有奖征集活动。2008年9月18—19日，国家测绘地理信息局与中央宣传部等10部门在新疆乌鲁木齐市召开全国国家版图意识宣传教育和地图市场监管工作会议。2012年5月18日，国家版图意识宣传教育"进学校、进社区、进媒体"活动启

△国家版图意识宣传教育活动

动，将面向全国1000所学校、1000个社区赠送国家版图相关的地图类图书。同时，在全国开展国家版图知识竞赛和少儿手绘地图大赛。

（三）加强地图市场监管

严格把好地图审核关。2007—2011年，国家测绘地理信息局共受理地图审核申请12500余件，批准9000余件；2010年上海世博会期间，建立上海世博会地图审核绿色通道，审核世博会地图147批次共549幅，涉及展馆54个，对30个外国展馆涉及地图的展品宣传资料进行严格把关，妥善处理了大批敏感地图问题，确保了上海世博会的用图安全。同时，派员配合海关总署开展国家版图知识培训，指导做好国外世博馆所用地图入境工作。

重点开展互联网地图治理工作。2008年2月，国家测绘局联合外交部等八部门印发《关于加强互联网地图和地理信息服务网站监管的意见》，并在全国开展专项治理工作，共搜索和检查互联网站超过15648个，其中，存在问题的网站约占8%，对这些网站进行了相应的处理。12月，8部门组成检查组对部分省区进行检查，互联网地图和地理信息网站监管工作取得初步成效。2009—2011年，国家测绘地理信息局成功举办了8期全国互联网地图安全审校培训班，共有互联网地图服务单位的安全

审校人员2500多人参加培训并考核合格。2011年，由国家测绘地理信息局、中宣部等13部门组成的全国国家版图意识宣传教育和地图市场监管协调指导小组在全国开展针对互联网地图上传标注敏感和涉密地理信息以及"不按规定送审、不按审查意见修改、不按要求备案"地图等违法违规行为的"问题地图"专项治理行动。专项治理期间，各地开展地图市场执法检查840余次，查处地图违法违规案件370余件，印发"问题地图"查处函180余份，印发"问题地图"整改通知书270余份，印发"没收问题地图产品"通知书220余份，调查发现未依法送审的常规地图产品130余件、未依法履行备案的地图产品1095件。检查政府类和商业类网站338个，发现存在问题的网站占总数的41%。根据查处函或整改通知书要求修改更正的案件200余件。查封、收缴违法违规地图产品共10万余件，涉及的生产及销售单位160余家，涉及的展示单位150余家。为巩固前一阶段"问题地图"专项治理行动成果，进一步规范地图市场，2012年4月16日，全国国家版图意识宣传教育和地图市场监管协调指导小组向各省、自治区、直辖市国家版图意识宣传教育和地图市场监管协调指导机构，印发《深化"问题地图"专项治理行动工作方案》，深入推进"问题地图"专项治理行动。

产业发展

党的十七大以来，党中央、国务院高度重视发展地理信息产业，多次作出重要指示，要求采取有效措施，大力推动地理信息产业的发展。

（一）产业规模迅猛增长

2007年以来，地理信息产业规模以每年超过20%的速度持续快速增长。据不完全统计，2011年，我国地理信息产业总产值接近1500亿元，地理信息产业从业人员超过40万人，210多所高校开设了地理信息技术专业教育，200多个研究机构开展了地理信息相关技术研究工作。

（二）地理信息资源更加丰富

国家基础地理信息资源不断丰富。目前，国家1：5万基础地理信息数据库更新工程已经完成，省级1：1万基础地理信息数据库建设和更新进展迅速。全国已有260多个城市开展了数字城市建设，100余个数字城市已经建成并提供服务。海岛（礁）测绘取得初步成果，海岛（礁）测绘基准基本完成。

各行业地理信息资源建设取得重要进展。国土资源部门完成了地质信息、矿产资源信息基础数据库和全国土地信息资源基础数据库建设。交通部门建立了包含有丰富交通地理空间信息的交通基础数据库。水利部门建成了全国水利系统地理空间信息基础资料数据库。农业部门建立了以空间信息技术为基础的农业资源信息服务系统。环境部门全面采用遥感技术系统，开展了生态环境监测与调查评估工作，建立了生态环境现状数据库。林业部门通过"全国林业连续清查"、林业监测及数据采集地理空间基础设施建设等获取林业地理空间信息，建立了数据库，并形成了多种类型的信息产品。气象部门建立了基于地理信息的气象综合观测系统。这些专业地理信息为我国地理信息的产业化应用提供了重要信息资源。

（三）应用服务快速拓展

我国地理信息应用已经逐渐从传统的资源管理、城市规划、基础设施建设等领域向金融、人口与经济管理、生态环境保护、医疗卫生、文物保护、企业信息化等领域扩展，以互联网地图服务和移动位置服务为代表的地理信息服务迅速兴起，并向大众领域渗透。地理信息被广泛应用到车载导航、位置搜索、移动目标监控、智能交通、便携式移动导航等方面，不仅为广大互联网用户提供位置查询和交通出行服务，还为用户提供衣、食、住、玩等各类日常生活信息服务。

（四）企业竞争力不断增强

2007年以来，我国已有9家地理信息企业在国内外资本市场上市，约50家企业正在通过整合资源和规范管理筹备上市。一些企业不断向产业园聚集，产业聚集效应日益彰显。目前，我国已基本建成国家地理信息科技产业园、黑龙江地理信息产业园、西安导航产业基地、武汉国家地球空间信息产业化基地等，浙江、江苏、广西、云南等地也先后启动了地理信息产业园区建设。我国全站仪和电子经纬仪

序号	企业名称	上市时间	上市场所	企业业务
1	北斗星通	2007年8月	深交所中小板	导航
2	北大千方	2008年7月	美国纳斯达克	交通信息化、国土资源，以及数字城市
3	超图软件	2009年12月	深交所创业板	GIS基础平台制造
4	合众思壮	2010年4月	深交所中小板	硬件终端制造，卫星导航
5	数字政通	2010年4月	深交所创业板	基于终端、平台、数据的行业应用开发
6	四维图新	2010年5月	深交所中小板	导航电子地图研发、生产与经营
7	高德软件	2010年7月	美国纳斯达克	地图数据内容、导航和位置服务解决方案
8	国腾电子	2010年8月	深交所创业板	北斗卫星导航应用
9	中海达	2011年2月	深交所创业板	GNSS研发、生产、销售

△ 近年我国地理信息企业上市情况

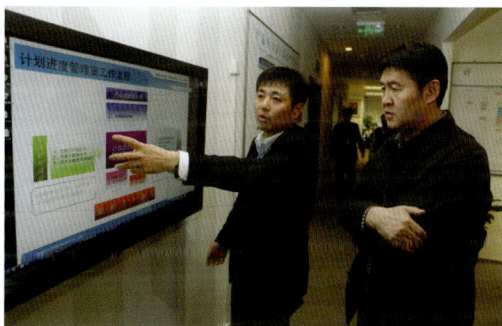

△ 2011年1月10日，国家测绘地理信息局局长徐德明在四维图新公司考察

等测绘仪器产品出口至世界100多个国家和地区，基本占据国际中、低端市场，我国地理信息系统平台软件也成功进入日本、欧洲等市场，显示了一定的国际竞争力。

（五）产业扶持政策正在形成

随着地理信息产业的发展壮大，各级政府不断加大地理信息产业政策扶持力度。国家测绘地理信息局组织起草的《国务院关于促进地理信息产业发展的意见（代拟稿）》已上报国务院；出台了《基础地理信息公开表示内容的规定（试行）》《公开地图内容表示补充规定（试行）》《遥感影像公开使用管理规定（试行）》，为地理信息社会化应用提供了重要政策保障。地理信息相关技术应用已列入《产业结构调整指导目录》的十个鼓励类产业门类中。《国家重点支持的高新技术领域》中，对地理信息系统、遥感图像处理与分析软件技术、空间信息获取及综合应用集成系统、卫星导航应用服务系统都予以了明确支持。国家制定了对中小企业、高新技术企业、软件和集成电路企业、技术创新企业、对外出口企业的相关政策，对相关企业给予财政税收优惠支持，如《国务院关于印发进一步鼓励软件产业和集

△ 国产测绘仪器飞速发展

△全国地理信息产业峰会开幕式

成电路产业发展若干政策的通知》《国务院关于进一步促进中小企业发展的若干意见》等。这些政策也为地理信息产业发展提供了重要支持。国家还以设立基金和项目的方式，鼓励相关技术创新和产业化。如国家设立的"863"课题、"973"课题、测绘科技项目等，对地理信息产业予以支持。

（六）产业影响力不断扩大

举办全国地理信息产业峰会。2009年7月1—2日，国家测绘地理信息局在北京展览馆举行了全国地理信息产业峰会。峰会以"构建数字中国，大力发展地理信息产业"为主题，就关系我国地理信息产业发展的有关问题进行深入的交流与探讨，明确我国地理信息产业发展方针，介绍产业发展状况和成果，探索促进产业发展的政策，交流产业发展经验，研讨产业发展关键问题等。来自测绘行政主管部门、科研院所、地理信息企业中的管理人员、技术人员和专家学者1800多人参会。

举办全国地理信息应用成果及地图展览会。2009年7月1—4日，国家测绘地理信息局

△全国地理信息应用成果及地图展览会现场

在北京展览馆举办全国地理信息应用成果及地图展览会（以下简称会展）。会展以"加强地理信息服务，促进地理信息产业发展"为主题，集中宣传和展示了中华人民共和国成立60年来我国地理信息产业通过艰苦创业、技术进步、创新发展，在社会主义市场经济建设中取得的丰硕成果，展示地理信息成果（地图）及技术在国民经济、社会发展、人民生活中的典型应用。展览分为序厅、地图展区、数字中国展区、应用与技术创新展区、技术装备展区5大部分，展览面积1.5万平方米，全国180多家地理信息企事业单位参展。中共中央政治局常委、国务院副总理李克强参见会展，并给予高度评价。

△ 国内外观众参观全国地理信息应用成果及地图展

▽ 全国地理信息应用成果及地图展览会开幕式

国际交流

党的十七大以来，测绘地理信息国际合作交流工作坚持以邓小平理论和"三个代表"重要思想为指导，深入贯彻落实科学发展观，以《"十一五"期间测绘外事工作总体思路》《测绘事业发展"十一五"规划纲要》和《测绘地理信息发展"十二五"总体规划纲要》为指导，紧密结合我国测绘地理信息事业发展实际需要，积极推动国际合作从"以外为主，被动合作"向"以我为主，主动合作"转变，从一般性交流和技术引进向"引进来"与"走出去"相结合转变，从"以政府和科研机构为主"向"政府引导、多方共同参与"转变，积极实施测绘地理信息"走出去"战略，合作不断深化，合作水平显著提高，通过引进、消化、吸收国外先进技术与管理经验，促进了科技与管理水平的提高，开创了测绘地理信息国际合作的新局面，取得了新成绩。

（一）测绘地理信息"走出去"战略成效显著

印发了《国家测绘局关于加快实施测绘"走出去"战略的若干意见》，向国务院呈报了关于中国测绘"走出去"战略情况的报告。积极参与全球测图项目、联合国全球地理信息管理协调机制、欧盟"伽利略卫星导航定位计划"等多边测绘地理信息国际合作项目。积极推动测绘地理信息援外工作，帮助博茨瓦纳等国实施国土测绘项目，参与阿尔及利亚高速公路建设工程测绘，倡议发起首次"中非测绘合作座谈会"，向非洲测绘主管部门推介和捐赠了中国制造的测绘仪器和软件产品，启动了中非在测绘地理信息领域的全面合作。组织国内地理信息产业单位参加了2010年德国科隆国际测绘技术与设备博览会、2011年在摩洛哥举行的国际测量师联合会工作周技术展、2011年东南亚测量师大会展览会、2012年在

加拿大举行的第13届全球空间数据基础设施大会展会等重要国际测绘地理信息展会，设立中国展区，举办中国论坛，高密度集中展示中国测绘地理信息自主创新的科研成果、中国地理信息公共服务、国产测绘与地理信息软件产品和测绘仪器设备、测绘工程建设和服务外包实力，取得良好效果。我国测绘地理信息产业快速发展，已造就一批测绘地理信息技术装备出口、承担国外测绘地理信息外包服务的龙头企业。

根据测绘地理信息人才队伍建设的需要，开拓了一系列国外培训渠道，培养了不同层次的测绘专业管理与技术人才。分别与荷兰国际地理信息科学与对地观测学院、澳大利亚新南威尔士大学、美国乔治梅森大学合作举办多期测绘地理信息系统局级领导干部培训班，就测绘地理信息

▽第21届国际摄影测量与遥感大会

△2008年7月3日，中共中央政治局常委、国务院副总理李克强会见第21届国际摄影测量与遥感大会代表

管理和政策、发展趋势专题开展培训，提高领导干部的决策水平和管理能力。与英国诺丁汉大学合作成功举办了三届中欧测绘地理信息技术与产业发展高级研讨班。研讨专题涉及现代测绘技术发展与创新、国家（城市）地理空间框架建设、测绘与地理信息技术标准等。通过参加研讨班，国内测绘地理信息产业界的高级管理人员开阔了眼界，了解了国际地理信息业的前沿成果，增强

了"走出去"参与国际合作和国际市场竞争的信心。组织测绘地理信息行业技术骨干赴国外高等院校培训，更新知识，开展合作科研。2011年，与诺丁汉大学在宁波举办提升测绘地理信息单位国际竞争力培训班，向30余家测绘地理信息单位的约40名学员介绍了国际测绘地理信息市场概况、中国测绘地理信息单位所面临的机遇和挑战、测绘地理信息企业"走出去"的渠道和做法等。

（二）双边国际合作不断巩固和拓展

国家测绘地理信息局与世界50多个国家的测绘地理信息部门和单位建立了合作关系，与巴基斯坦、日本、韩国、美国、德国、芬兰、巴西、南非等20多个国家的测绘地理信息主管部门签订了双边科技合作协议。与芬兰大地测量研究所、荷兰国际地理信息科学与对地观测学院、澳大利亚新南威尔士大学、美国乔治梅森大学、英国诺丁汉大学等国外相关科研单位和院校签订了技术合作和人才培养协议。中国测绘科学研究院与英国诺丁汉大学联合成立了中英地理空间信息联合研究中心。一批国际合作科研项目得到了科技部的支持和资助，如：中国测绘科学研究院与澳大利亚合作的"高分辨率立体测图卫星的地面几何检校联合实验研究"项目、国家基础地理信息中心与加拿大合

△2012年3月6日，国家测绘地理信息局局长徐德明在中国测绘创新基地会见芬兰国家测绘局局长拉蒂亚一行

作的"面向城区环境检测和地图更新的自动地物提取"项目、中国测绘科学研究院与英国合作的"高灵敏低成本GPS接收机实时高精度定位原型开发"项目、国家测绘地理信息局卫星测绘应用中心与澳大利亚联邦科学与工业研究组织合作的三维动态溃坝模拟项目，均取得满意成果。陕西测绘地理信息局、黑龙江测绘地理信息局等直属局承揽了美国、日本、荷兰、巴西、阿尔及利亚等国的测绘项目，在促进科技

进步的同时，也取得了良好的经济效益。

（三）多边国际测绘地理信息舞台上作用彰显

中国测绘地理信息在多边国际合作中的影响力得到显著提高。2008年国家测绘地理信息局成功举办了第21届国际摄影测量与遥感大会，李克强副总理接见了第21届国际摄影测量与遥感大会部分国外参会代表，大会通过了《北京宣言》，成为国际摄影测量与遥感学会

▽2012年1月16日，国家测绘地理信息局局长徐德明会见苏丹测绘地理信息代表团

△2012年联合国全球地理信息管理杭州论坛举办

历史上首次发表的纲领性文件。国家测绘地理信息局领导代表中国担任了亚太地理信息基础设施常设委员会主席，我国专家分别担任了国际摄影测量与遥感学会主席长、国际地图制图协会副主席、国际测量师联合会副主席等职务，还有相当一批我国专家学者在国际测绘地理信息组织的技术委员会或工作组中担任职务。在重要国际测绘组织中我国发挥了越来越重要的作用，国际地位显著提高。近年来，国家测绘地理信息局与联合国在地理信息领域的合作日益密切，在联合国发起的全球地理信息管理协调机制中发挥重要作用。2012年5月，由联合国统计司和我局共同上办的联合国全球地理信息管理杭州论坛在浙江杭州成功举行。包括联合国统计司司长，国际测量师联合会主席，泰国信息与通信技术部常务副部长，英国、蒙古等国测绘地理信息局局长在内的100多位国内外与会嘉宾，围绕地理信息管理体制机制、地理信息管理和技术发展趋势、地理信息质量保证体系、数据共享分发模式等问题展开了深入而广泛的探讨。通过论坛平台，我国向澳大利亚、伊朗、日本、韩国、老挝、马来西亚、蒙古、尼泊尔、巴基斯坦、泰国、越南、英国等国家代表赠送了资源三号测绘卫星拍摄的当地影像数据，引起与会国代表的高度关注，纷纷表示愿意利用资源三号测绘卫星数据开展应用试验研究，加强与中国测绘地理信息技术与应用的合作交流。论坛及同期举办的系列活动取得了良好而广泛的国际影响。此外，国家测绘地理信息局还积极组织测绘地理信息系统人员参加重要国际测绘地理信息会议，发表论文，提升我国测绘地理信息科技在国际学术界的影响。

人才队伍

党的十七大以来，测绘地理信息人才队伍建设深入贯彻党和国家人事人才工作的方针政策，紧紧围绕测绘地理信息事业发展的实际需要，以科学发展观为统领，以提高人才队伍素质为目标，以优化人才队伍结构为主线，以能力建设为核心，以创新机制为动力，加快实施人才强测战略，深化推进干部人事制度改革和事业单位改革，不断健全完善各类人才培养、评价、选拔和激励机制，统筹推进各类人才发展，造就了一支政治上靠得住、工作上有本事、作风上过得硬、技术上能攻关、发展上有建树的高素质人才队伍，为实现测绘地理信息事业跨越式发展提供了坚强的组织保障和人才支撑。

（一）健全机构，组织体系建设实现重大突破

党的十七大以来，测绘地理信息行政管理体制建设实现历史性突破。2008年，国家局增设科技与国际合作司和总工程师岗位，并调剂增加20名行政编制。2011年，国家测绘局更名为国家测绘地理信息局，强化地理信息监管职能。

稳步推进测绘地理信息事业单位结构调整，加强基础测绘地理信息获取和服务队伍建设，先后组建卫星测绘应用中心和国家测绘产品质量检验测试中心。

深化事业单位分类改革，顺利完成中央各部门各单位出版社体制改革，打造中国地图出版龙头企业——中国地图出版集团，分别组建国家测绘地理信息局第一、第二、第三地理信息制图院。

（二）完善机制，科学人才观逐步确立

党的十七大以来，测绘地理信息系统各单位牢固树立"人才资源是第一资源"和以人

▽国家测绘地理信息界新当选院士庆贺会暨2012新春院士座谈会现场

△国家测绘局首批科技领军人才颁证大会

为本的科学理念，切实将人才工作摆在优先位置，不断加大人才工作投入。全行业对人才的尊重、渴望程度不断提高，人人努力成才的局面逐渐形成。2011年，全国测绘地理信息科技和人才工作会议在陕西延安召开。会议强调人才资源是第一资源，印发实施《测绘地理信息"十二五"人才发展规划》，明确人才工作指导方针、主要任务和对策措施，落实思想、落实责任、落实项目。

进一步健全完善干部人才队伍建设政策机制，制定出台了16项干部人才政策制度，初步建立了一套与测绘地理信息事业发展相适应的民主、科学的人事人才制度，民主公开竞争择优的选人用人机制逐步形成，优秀青年人才脱颖而出、科研关键岗位和优秀拔尖人才倾斜分配的机制逐步完善。注册测绘师执业资格制度的实施，为加强测绘地理信息统一监管、保证测绘地理信息成果质量、推动地理信息产业发展奠定了基础。经2008年首批考核认定、2009年首次全国考试，目前全国具有注册测绘师资格人

员3780人。深入推进干部人事制度改革，创新竞争性选拔干部机制，完善干部考核评价机制，率先完成事业单位岗位设置管理工作，推行事业单位公开招聘制度，坚持"凡进必考"，测绘地理信息人事人才工作科学化、制度化、民主化的程度不断提高。

进一步健全完善测绘地理信息人才培养机制，联合教育部共同实施"卓越工程教育培养计划"，组织建设了一批应用型人才培养基地，将测绘地理信息学校教育与生产、科研实践有机结合，解决学校教育与社会需求脱节的问题，共同打造创新能力强、实践能力强、竞争能力强的测绘地理信息人才队伍。

（三）深化改革，党政管理人才队伍结构优化

省级以上测绘地理信息系统党政管理人才队伍总体规模保持稳定，公务员队伍从十七大前的1149人增加到1281人，事业单位管理人员队伍从十七大前的2595人减少为2335人。

深入推进干部人事制度改革，以提高素

△ 注册测绘师考试大纲

质、增强能力、优化结构、改进作用为目标，不断推进干部轮岗交流，拓宽选人用人视野，先后提拔任用76名、交流调整77名司局级干部，基本形成了领导班子成员年龄、经历、专长、性格互补的合理结构，增强了领导班子的整体功能和合力。领导班子平均年龄保持在49周岁，年龄结构日趋合理，45周岁至50周岁的领导班子成员所占比例大幅上升。

着眼领导班子建设长远需要，加大优秀年轻干部培养选拔力度，坚持为年轻干部早搭台、早培养，不拘一格地选拔了一批1980年左右出生的年轻干部到处级岗位担当重任，特别是35岁以下处级公务员较十七大前增加8人，增幅为160%。着眼领导班子建设长远需要，大力加强后备干部培养选拔，选拔了一批以"70后"为主体、"80后"占有一定比例的素质优良、数量充足、结构合理的副局级后备干部。

（四）实施人才工程，专业技术人才队伍素质提升

党的十七大以来，测绘地理信息系统坚持服务发展、人才优先、以用为本、创新机制、高端引领、整体开发的方针，以提高核心技术水平、增强自主创新能力为核心，重点实施科技领军人才工程、新世纪人才培养工程、青年学术和技术带头人培养工程及西部人才培养工程，突出高层次、创新型人才培养，大批创新精神强、取得突出业绩的优秀人才脱颖而出，形成以青年学术和技术带头人、科技领军人才、两院院士为主体的测绘地理信息科技骨干人才梯队。

专业技术人才队伍结构明显改善。全国测绘资质单位现有从业人员29.1万人，较十七大前增长19.26%，其中，专业技术人员19.03万人，较十七大前增长16.18%。测绘地理信息系统现有从业人员约2.61万人，较十七大前增长9.02%，其中，专业技术人员1.57万，较十七大前增长15.24%。专业和年龄结构不断优化，学历层次不断提高，测绘地理信息高层次专家增长12.36%，研究生增加1.4倍，30岁以下专业技术人员增加48.98%，高级专业技术职务资格人员增加47.49%。高、中、初级专业技术职务资格人员比例为19：37：44。

科技领军人才工程结硕果，院士增选获丰收。突出高层次人才培养，自2010年启动实施科技领军人才工程，首批面向全国测绘地理信息界选拔了7名科技领军人才，给予每人50万元的科研资助专项资金。科技领军人才培养成效喜人，2名科技领军人才成功当选两院院士。十七大以来测绘地理信息界共新增3名中国科学院院士、1名中国工程院院士，两院院士总数达24人。两院院士充分发挥引领作用，积极建言献策，有力地推进了测绘地理信息事业跨越式发展。

人才培养工程出成果，高层次人才脱颖而出。继续实施新世纪人才培养工程及青年学术

82

△第二届全国测绘地理信息行业职业技能竞赛外业考核现场

和技术带头人培养工程，建立国家局、省局、基层单位三级推动、良性发展的人才培养格局，推进高层次人才队伍建设。党的十七大以来，共新增"百千万人才工程"国家级人选7人，享受国务院政府特殊津贴人选11人、国家海外"千人计划"引进人选5人、全国新闻出版行业领军人才4人、青年科技奖获得者2人，新考评增选青年学术和技术带头人89名。

西部人才培养工程显成效，人才区域发展逐步均衡。深入贯彻中央援藏、援疆和西部大开发战略要求，大力实施西部人才培养工程，采取选派干部到西部地区工作、送教上门、对口支援、项目倾斜等措施加大西部人才培养，极大促进了西部地区人才队伍建设。西部地区测绘地理信息人才发展状况显著改善。西部地区现有测绘资质单位3900家，从业人员近8.7万人，较十七大前增长10.64%，其中，专业技术人员近5.9万人，较十七大前增长21.27%。西部地区测绘地理信息系统现有从业人员约9400人，较十七大前增长8.98%，其中，专业技术人员约6200人，较十七大前增长26.11%。专业

技术人员中硕士研究生以上人员增长2.1倍，高中级专业技术职务资格人员增加30.72%，各层次专家增加35%。坚持将人才援藏作为一项重要政治任务，先后选派3批11名同志进藏工作，不定期选派专家进藏开展短期技术培训，在西藏重大测绘项目实施、基础设施建设、行业法规建设、人才队伍培养等方面发挥了积极作用。加大人才援疆工作力度，先后选派30名专家赴新疆开展专业技术援助，接收33名新疆专业技术人员到国家局所属单位学习培训、5名处级干部到国家局机关挂职锻炼。

推进西部地区人才培养，每年通过组织开展测绘地理信息专家西部行活动、举办面向西部地区测绘地理信息专业技术人员培训班等方式，邀请院士、知名专家学者送教上门，开展学术讲座和技术交流，受到当地党委政府的欢迎和肯定。

（五）注重培养，技能人才队伍规模空前

党的十七大以来，测绘地理信息系统以提升职业素质和职业技能为核心，大力加强技

能人才队伍建设，着力推进高技能人才培养选拔，基本构建了以生产单位为主体、职业院校为基础、学校教育与单位培养紧密联系、政府推动与行业支持相互结合的技能人才培养体系。

立足竞赛，发挥政府引导作用，加快高技能人才培养。进一步促进高技能人才队伍建设，充分发挥技能竞赛和遴选在高技能人才培养选拔方面的作用，搭建技能人才展示技术水平和操作能力的竞技舞台，组织举办两届全国测绘地理信息行业职业技能竞赛，开展两届全国测绘地理信息技术能手评选。党的十七大以来，通过竞赛和评选新培养选拔4名全国五一劳动奖章获得者、4名全国青年岗位能手、14名全国技术能手、99名全国测绘地理信息技术能手。

立足鉴定，发挥企业行业主体作用，促进技能人员岗位成才。党的十七大以来，测绘地理信息行业六大特有工种职业技能鉴定工作取得突破性进展，通过鉴定取得国家职业资格证书的人数达139353人，新增98587人，增幅为241.84%，其中，获高级工以上国家职业资格证书的人数为28778人，新增19732人，增幅为218.13%。

（六）强化教育，人才培养体系逐步健全

紧密结合测绘地理信息事业发展需要，大力推进高等测绘地理信息院校和测绘地理信息学科建设，强化各类人才教育培训，建立了较为完整的测绘地理信息人才培养体系，测绘地理信息职工队伍素质逐步提高。

充分发挥全国高等学校测绘学科教学指导委员会、高职高专教育测绘类专业指导分委员会和全国测绘职业教育教学指导委员会作用，推进测绘地理信息高等教育快速发展。

随着测绘地理信息事业的蓬勃发展，社会各界对测绘地理信息人才需求强劲，诸多高等院校纷纷开设测绘地理信息类专业，形成了测绘地理信息事业与高等教育相互促进的良性发展格局。目前，全国开设测绘地理信息类专业

▽第二届全国测绘地理信息行业职业技能竞赛内业考核现场

△测绘内业

的高校、科研机构已达340多所，为测绘地理信息事业培养了大批高素质人才，毕业生就业率在各专业类别中名列前茅，测绘地理信息类毕业生呈现供需两旺的局面。

各类教育培训规模不断扩大。测绘地理信息系统各单位大力实施教育培训工程，不断创新教育培训方式，积极与高校开展产学研合作，依托承担的国家、省级重大测绘地理信息科研和工程项目，实施"人才+项目"的培养模式，培训规模不断扩大、效果日益明显。党的十七大以来，国家测绘地理信息局共举办各类培训班210余班次，培训各类人才2万余人次，选派120余名领导干部赴中央党校及其分校、国家行政学院参加政治理论培训；省级以上测绘地理信息行政主管部门共举办各类培训班3000余班次，培训各类人才近9万人次。

适应新形势测绘地理信息行政管理工作需要，连续4年承办中组部组织的抽调地市党政领导干部参加的测绘地理测绘信息工作专题研究班，逐步提高地市领导干部对测绘地理信息工作重要性的认识，有力地推进测绘地理信息各项工作跨越式发展。

强化领导干部培训，深入贯彻中央大规模培训干部要求，连续5年举办测绘地理信息系统局长培训班，采取国内外培训相结合的方式，共培训局级领导干部110余人。

强化专业技术人员培训，组织举办两期测绘地理信息青年学术和技术带头人培训班，拓宽带头人视野、提升带头人科研能力。结合测绘地理信息新技术发展和重点工作需要，联合人力资源和社会保障部共同组织举办无人飞机测绘技术、地理国情监测关键技术高级研究班，培养了一批高层次技术管理人员，在重点工作推进中发挥了关键作用。

开辟测绘系统劳模、生产管理骨干在职教育新路子，深化与武汉大学的人才培训合作机制，启动实施首届系统劳模培训班，70名测绘地理信息系统劳模、生产科研管理骨干分别参

党的建设

（一）深入开展学习实践科学发展观活动

党的十七大作出了在全党开展深入学习实践科学发展观活动的战略决策。2008年10月15日—2009年2月25日，国家局机关和在京单位共55个党组织852名党员干部参加了第一批学习实践科学发展观活动。在整个活动中，局党组周密部署，精心组织，狠抓落实，高标准、高质量地完成了学习调研、分析检查、整改落实三个阶段11个环节的工作，较好地实现了"党员干部受教育、科学发展上水平、人民群众得实惠"的目标要求，受到中央第十九指导检查组充分肯定。根据中央学习实践活动领导小组关于整改落实情况"回头看"的要求部署，国家局及时印发了学习实践活动整改落实"回头看"工作方案，进一步落实责任，督促整改，并于2009年6月29日组织召开了局学习实践活动整改落实"回头看"情况通报会，向广大党员干部通报了整改落实阶段取得的突出成绩，有力地推动了各项整改任务的落实。

（二）坚持理论学习，提高思想政治素质

理论是行动的先导。国家测绘地理信息局党组中心组在理论学习上始终坚持先学一步，多学一些，学深一点，不断提高用科学理论武装头脑、指导实践、推动工作的能力和水平。2007年11月20—21日，局党组中心组（扩大）理论学习暨务虚会在北京召开，深入学习贯彻党的十七大精神，紧密结合贯彻落实《国务院关于加强测绘工作的意见》，对测绘事业发展的全局性、战略性、前瞻性问题进行了深入研讨。为了使党员干部始终保持头脑清醒和立场坚定，局直属机关党委以创建学习型党组织为载体，坚持每月举办"测绘学习大讲堂"，开展思想政治和形势任务教育；每季度印发理论学习指导意见，明确学习重点内容；每季度向党员干部推荐优秀书目并赠阅书籍。五年来，全局上下通过集中学习、观看辅导录像、上党课、举办研讨培训班等多种形式，组织党员干部深入学习了党的十七大，十七届三中、四中、五中、六中全会精神，学习了胡锦涛总书记在纪念党的十一届三中全会召开30周年大会上、在全党深入学习实践科学发展观活动总结大会上和在庆祝中国共产党成立90周年大会上的重要讲话精神，围绕理论热点问题、社会主义核心价值体系、《中共党史第二卷》、国测一大队先进事迹，开展了深入有效的思想教育活动。

（三）深入开展创先争优活动

一个基层党组织，就是一个坚强堡垒；一名共产党员，就是一面鲜艳旗帜。"5·12"特大地震发生后，各级基层党组织和广大党员视灾情为命令，视时间为生命，积极响应，迅速行动，全力保障和支援抗震救灾，并踊跃交纳"特殊党费"。局直属各党委、党总支、党支部953名党员共交纳"特殊党费"495274.80元。2008年7月1日，国家局举办了"弘扬抗震救灾精神和测绘精神 服务灾后恢复重建和经济社会发展"主题报告会，大力宣传抗震救灾测绘保障服务中的先进典型。与此同时，中国测绘科学研究院中测新图（北京）遥感技术有限责任公司党支部被工委授予"中央国家机关抗震救灾先进基层党组织"称号。各级基层党组织始终把强基层、打基础的工作放在重要位置，认真贯彻《中国共产党和国家机关基层组织工作条例》，加强党员的教育、管理、激励和服务，基层党组织的战斗堡垒作用和党员的先锋模范作用在测绘重大工程、服务保障、应急救急、科技创新等工作中得以彰显。2010—2012年，各级党组织按照中央要

△2009年2月26日，国家测绘局召开深入学习实践科学发展观活动总结大会

求，深入开展了以创建"五个好"先进基层党组织、争做"五带头"优秀共产党员为主要内容的创先争优活动，普遍开展了党组织党员公开承诺、领导干部点评和群众评议工作。2010年12月23日，时任中共中央组织部副部长、中央创先争优活动领导小组成员、中央和国家机关创先争优活动指导组组长李建华调研指导国家局创先争优活动，对国家局党组及其基层党组织、广大党员干部积极投身创先争优活动取得的丰硕成果给予高度评价。2012年，围绕"组织建设年"开展了推荐选举党的十八大代表、"走进基层党支部，总结支部工作法""强支部建设，促科学发展"优秀活动评选等一系列相关活动。2009年、2011年和2012年，分别组织开展了"两优一先"和创先争优专项评选表彰活动，先后共表彰了55个先进基层党组织、139名优秀共产党员和59名优秀党务工作者，国家基础地理信息中心第四党支部和中国测绘科学研究院李成名分别于2011年荣获"中央国家机关先进基层党组织"

和"中央国家机关优秀共产党员"荣誉称号。坚持做好组织发展工作，遵循"坚持标准、保证质量、改善结构、慎重发展"的方针，五年来，直属机关共发展党员52名。

（四）加强作风建设和反腐倡廉建设

自2010年以来，国家测绘地理信息局坚持开展学习型、创新型、服务型、务实型、和谐型机关（简称"五型机关"）创建活动，提升了工作效率，展示了良好形象。国家测绘地理信息局党组高度重视反腐倡廉建设，坚持贯彻落实党风廉政建设责任制，印发了《中共国家测绘地理信息局党组关于贯彻落实党风廉政建设责任制的实施办法》。坚持召开全系统的党风廉政建设工作会议，坚持印发党风廉政建设和反腐败工作的实施意见及任务分工。五年来，各级党组织深入学习贯彻中纪委三次、四次、五次、六次、七次全会和国务院第二、三、四、五次廉政工作会议精神，印发了《中共国家测绘局党组关于贯彻落实〈建立健全惩治和预防腐败体系2008—2012年工作规划〉的实施办法的通知》，坚持开展党性党风党纪教育，深入贯彻落实《中国共产党党员领导干部廉洁从政若干准则》。党组制定印发了《中共国家测绘局党组巡视工作暂行办法》，并先后组织开展了对管理信息中心、海南局、职业技能鉴定指导中心、重庆测绘院、四川局、黑龙江局等单位领导班子及成员的巡视工作。严格执行党员领导干部报告个人有关事项、任前廉政谈话、民主生活会、述职述廉、诚勉谈话、函询等制度，广泛深入地开展了廉政风险点排查工作，切实加大对领导班子和领导干部的监督力度。加强审计工作，印发了《国家测绘局所属单位党政领导干部经济责任审计管理办法》，及时开展有关单位主要负责人的离任审计和有关单位预算执行情况及财政财务收支情况的审计以及无锡培训中心的资产清查审计。

（五）大力加强群团和统战工作

群团和统战组织是党联系群众、组织群众、动员群众、宣传群众的桥梁和纽带。2008年，局直属机关工会举办培训班，认真学习贯彻《劳动合同法》，为工会组织更好地保障职

▽ 创先争优表彰大会

工权益奠定了基础。2010年，局直属机关工会召开工会工作会议，党组书记、局长徐德明出席会议并作重要讲话。组织开展了在京单位"合格职工之家"的验收工作。2008年4月，局直属机关第七次团代会在京召开，选举产生了直属机关第七届团委。2011年，成功组织了国家局和陕西局青年交流互访活动，徐德明局长亲切接见陕西局青年代表团并对青年团员提出殷切希望。坚持两年开展一次局直属机关杰出（优秀）青年评选表彰活动，2008年、2010年和2012年共表彰杰出青年11名、优秀青年39名。积极参加创先争优活动，2010年，中国测绘科学研究院刘纪平荣获"全国先进工作者"称号，国家基础地理信息中心蒋捷被授予第七届全国"五好文明家庭"称号。坚持贯彻向党外人士代表通报情况制度，每年召开党外人士代表新春座谈会，邀请农工、民盟、民建、致公党、九三学社等民主党派人士以及无党派高级知识分子代表欢聚一堂，共话发展，密切与党外人士的联络和感情。2008年，组织党外人士代表赴国家基础地理信息中心、中国测绘科学研究院就抗震救灾测绘保障服务工作进行了考察调研。

文化建设

（一）测绘地理信息文化建设强力推进

国家局党组于2009年制定印发了《国家测绘局关于加强测绘文化建设的意见》，明确了加强测绘文化建设的指导思想、总体目标、主要内容、基本原则和主要任务，为切实提高测绘文化软实力指明了方向。2009年10月15日，全国测绘系统测绘文化与和谐单位建设交流研讨会在中国测绘创新基地召开。通过这次会议，明确了任务，达成了共识，增强了推动测绘文化与和谐单位建设的紧迫感和责任感。2011年10月党的十七届六中全会通过《中共中央关于深化文化体制改革推动社会主义文化大发展大繁荣若干重大问题的决定》。国家局党组及时印发了《关于加强学习贯彻党的十七届六中全会精神的意见》，国家局直属机关党委把测绘文化建设作为重点工作来谋划和推动，印发了《关于进一步开展测绘地理信息文化建设有关工作的通知》，并先后开展了社会主义核心价值体系学习教育、测绘地理信息文化研究、"测绘地理信息文化大家谈"征文、"测绘地理信息文化精品"评选等系列活动，努力形成人人参与测绘地理信息文化建设、测绘地理信息文化建设成果人人共享的良好局面。

（二）注重内涵，丰富载体

创建文明单位是精神文明建设的重要内容，是一个部门一个单位持续发展的必然要求、塑造良好形象的有效载体。各部门各单位始终把文明单位创建活动摆在重要议事日程，坚持"两手抓、两手都要硬"的原则，将精神文明建设与测绘地理信息业务工作同研究、同部署、同考核，将创先争优、学雷锋、捐资助学、"送温暖献爱心"等活动紧密结合，将爱国主义教育、集体主义教育、诚信教育、法制

▽乒乓球赛

△羽毛球赛

教育、反腐倡廉教育融入其中，推动文明单位创建活动取得了可喜成绩。广大干部职工以饱满的热情积极参与，用自己的言行诠释文明，大力弘扬"热爱祖国、忠诚事业、艰苦奋斗、无私奉献"的测绘精神和"快、干、好"的务实作风，展现出了作为测绘地理信息人高尚的道德品质和良好的精神风貌。汶川地震、玉树地震、舟曲泥石流等自然灾害发生后，广大干部职工纷纷捐款，解囊相助，用实际行动表达了测绘人的大爱和无私。2011年12月，上海市测绘院和江西省测绘局机关被评为"全国文明单位"，成为精神文明建设的标杆。据统计，五年来，全国测绘系统获得省级以上精神文明单位荣誉称号的有43个，其中，获得标兵单位荣誉称号的有2个。

（三）搭建平台，激发活力

面对干部职工日益增长的文化需求，国家局精神文明建设办公室、直属机关党委以及各级工青妇群众组织，联手合作，整合资源，创新形式，搭建平台，开展了丰富多彩的文化活动。五年来，国家测绘地理信息局先后组织开展了"'中图社杯'弘扬测绘精神建设和谐文化"诗歌散文有奖征文活动，并组织编辑出版了《测绘诗歌散文选》。通过中国测绘学会科技信息网分会开展了2008测绘博客征文比赛活动，并编辑出版了《五瓣丁香——首届测绘博客征文作品文集》。举办了"阅读·思考·进步"读书征文活动，培养党员、干部爱读书善读书读好书的良好习

▽桥牌赛

惯。举办了以"胸怀祖国 情系测绘"为主题的测绘系统网上摄影展评选活动,《南极测绘（组照）》等24幅（组）作品获奖。举办了"南方测绘杯"全国测绘职工书法绘画比赛评选,共评出个人奖61名,优秀组织奖5名。举办了以"弘扬测绘精神 奏响和谐乐章"为主题的全国测绘系统职工文艺汇演。举办了"经天纬地抒豪情 歌唱祖国心向党"纪念建党90周年爱国歌曲演唱会。全国测绘系统乒乓球、羽毛球、桥牌比赛等活动,成为干部职工喜闻

△ 全国测绘地理信息职工文艺汇演

乐见的赛事活动。女职工北海公园健步走比赛和老北京风情游活动、巾帼风采图片展和女性礼仪讲座、"迎十八大　抒巾帼情"女职工摄影展、青年篮球比赛、青年诗文朗诵会、"胸怀祖国　情系测绘　放飞青春梦想"青年文艺演出、"信念·责任·青年力量"测绘青年论坛等活动，成为女职工、青年职工展示才华的重要平台。丰富多彩的文化活动，让测绘人充满朝气与活力，让测绘人富有激情与干劲，让测绘人更加团结和谐。

中国测绘学会

党的十七大以来，中国测绘学会（以下简称学会）作为全国测绘地理信息行业中的最大科技团体，紧紧围绕建设创新型国家以及测绘地理信息事业发展的中心任务，搭建学术交流平台、举办测绘科学普及活动、建设科技思想库、促进测绘科技进步和学科发展，积极为经济社会全面协调可持续发展服务、为测绘地理信息科技工作者服务。

△ 中国测绘学会2011年学术年会在福州召开

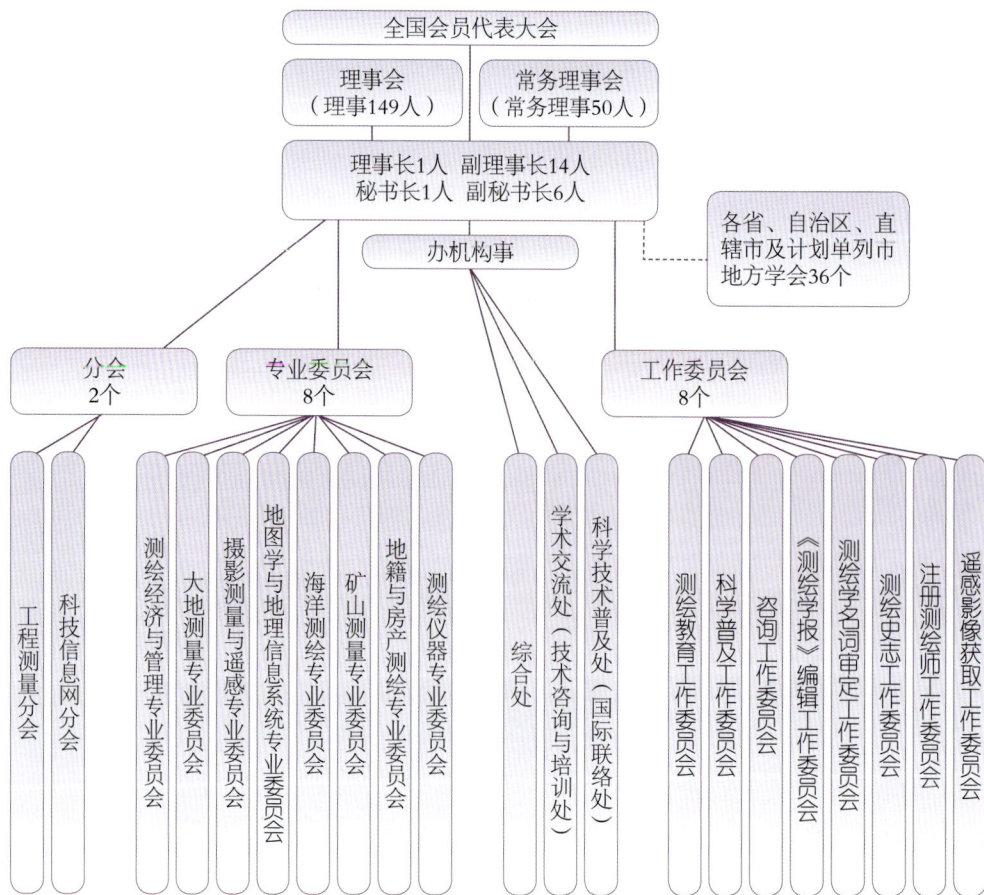

△ 中国测绘学会机构设置

学会在学术活动内容、范围、方式及活动质量上下工夫，实现了学会自身学术活动有成效、分支机构学术活动有特色，有效促进了测绘地理信息科技的繁荣和发展。学术年会由学会与地方测绘地理信息行政主管部门和地方测绘学会共同主办，学会分支机构承办分会场。同时组织特邀、专题报告会等有影响的学术交流活动，以及测绘地理信息新技术装备展览会，提高了年会质量和水平，打造了年会品牌。

学会的测绘地理信息专家在国际组织中任职，中国测绘学会副理事长陈军担任国际摄影测量与遥感协会（ISPRS）主席；中国测绘学会副理事长刘耀林担任国际地图制图协会（ICA）副主席；中国测绘学会大地测量专业委员会主任程鹏飞担任国际测量师联合会（FIG）副主席。

学会面向青少年、领导干部等重点人群，开展形式多样的科普活动，提高了公众对测绘地理信息工作的认知度。

测绘地理信息科技奖励工作已成为学会工作的品牌，不仅调动了测绘科技工作者的积极性，也极大地推动了测绘地理信息科技创新。

学会积极创新服务方式，围绕提升企业自主创新能力，服务测绘地理信息企业以及广大会员和科技工作者，不断增强学会的凝聚力。

中国地理信息产业协会

党的十七大以来，中国地理信息产业协会（以下简称协会）基本实现了从偏重学术研讨型向产业服务型的历史性转变、从偏重于测绘系统服务型向大产业大市场服务型的根本性转变，从服务走向服务、自律、协调、维权，从主要为测绘系统服务走向为各部门、各行业、各领域服务，初步走出了一条协会为大产业、大市场服务的新路子。

为适应地理信息产业发展的大好形势，协会更名为中国地理信息产业协会（China Association for Geographic Information Society，CAGIS）。

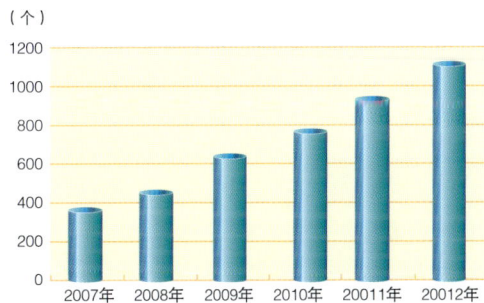

△中国地理信息产业协会团体会员数量

▽2011年10月26日，首届中国地理信息产业大会

协会目前有团体会员1135个，个人会员3081人。有5个直属单位，25个工作委员会。建立了奖励委、专家委，聘请了在国际国内有重大影响的187人为专家库专家。

协会协助政府工作，搭建服务平台。开展地理信息软件测评。特别是近5年来，协会聘请了富有理论和实践经验的测评专家，使得一批具有自主知识产权的国产地理信息软件脱颖而出。

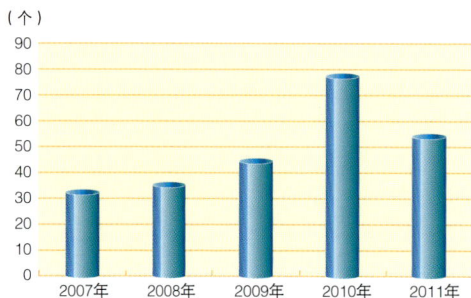
△ 中国地理信息软件测评合格软件数量

协会举办中国地理信息产业优秀工程评选。近5年，申报优秀工程奖和获奖的项目已由2007年的57个增长到2012年的161个。5年来，获奖项目已达494个。

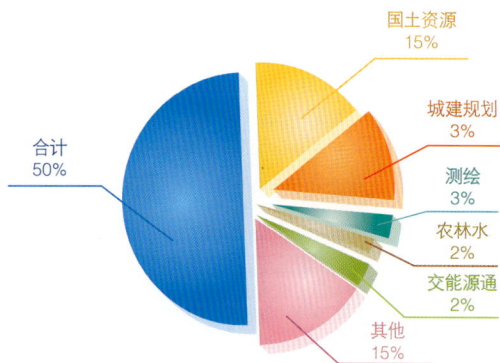
△ 中国地理信息产业优秀工程奖行业分布

2009年12月，协会设立中国地理信息科学技术奖。

协会面向产业，开展了一系列有影响的活动。从2008年开始，协会将原来一年一度的年会改为举办一年一度的论坛，2011年经国家测绘地理信息局批准又改为中国地理信息产业大会，发布产业报告、就业白皮书，表彰科技奖、工程奖、优秀工程示范单位，举办海峡两岸、教育、高校、城市、标准化、政务信息、数字城市、三维GIS与空间信息、物联网与云计算等分论坛，以及成果成就展、大学生就业招聘会、位置应用大赛等活动。2011年大学生就业招聘洽谈会解决了7000个就业岗位。

协会各工作委员会开展的各项活动不断增强产业的凝聚力、向心力。协会开展了"高德杯"中国位置应用大赛。协会支持企业开展技术开发、项目合作和咨询服务活动，举办了数字城市地理信息工程硕士研究生班，开展了地理信息产业发展战略项目课题研究和市场调研。

中国卫星导航定位协会

中国卫星导航定位协会（原中国全球定位系统技术应用协会，以下简称协会）深入贯彻落实十七大精神，全面贯彻落实科学发展观，坚持以为企业服务、为行业服务、为政府服务为宗旨，在完善行业自律、建立协调机制、推进产业发展等方面，充分发挥了联系政府、服务企业的桥梁和纽带作用，得到了企业的赞同、社会的关注和政府的信赖。

随着科技的进步和我国经济与社会的发展，我国卫星导航定位产业已逐步形成卫星发射、地面接收设备，芯片、天线制造，导航电子地图制作，终端产品生产以及监控、车联网、物联网应用的位置运营服务的一个完整的产业链，形成了以若干家大型导航定位企业为核心的企业群体，卫星导航定位产业与卫星遥感、卫星通信已成为我国新技术产业的重要组成部分，成为国家战略性高技术产业。

协会发挥自身优势，开拓创新，为会员单位服务，为产业发展服务。随着北斗系统的日渐成熟，导航定位产业成为新的经济增长点。我国涉足卫星导航与位置服务的厂商与机构的数量超过6800家，专业从事这一产业的单位有1500家左右，从业人数约为15万～20万人，总投资规模500亿左右。

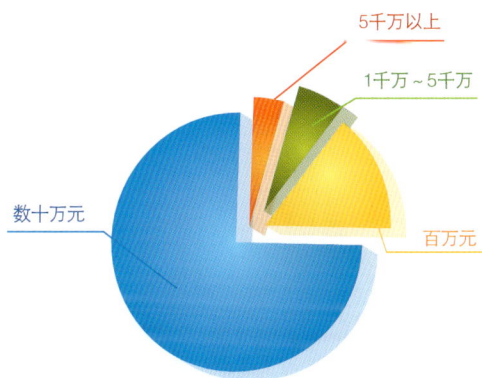

△我国卫星导航与位置服务产业企业规模分布

协会围绕企业的想法、需求，举办各种沙龙、论坛和专家调研会。

协会充分发挥政府主管部门和企业之间纽带和桥梁的作用，为会员单位提供更好的服务平台，让天地图成为中国位置服务网的基本平台。为进一步加速推进我国卫星导航产业的发展，奖励行业内各会员单位在技术进步与创新方面所取得的成果，促进广大科技人员积极性、主动性和创造性的发挥，经国家科技部奖励办批准，于2010年6月设立"卫星导航定位科学技术奖"。

2008年5月制定并发布《中国卫星导航定位行业自律公约》。在行业自律公约发布实施2年后，为促进会员单位适应时代要求，积极承担社会责任，为构建和谐社会作贡献，在会员单位中开展了社会责任先进单位的评选工作。

全社会对导航产品的需求日趋旺盛，导航定位产业也已经进入了快速发展期，在国家测绘地理信息局支持下，完成了《导航电子地图检测规范》，并于2009年和2011年对我国主流图商的导航电子地图进行了检测。这有利于完善市场准入和退出机制；有利于促进企业不断改进质量提高水平，更好地满足社会需求，维护好消费者的合法权益；有利于促进我国导航定位产业的健康发展。

△2009年与2011年导航地图测评质量比较表

协会组织召开了导航卫星系统在灾害监测中的应用研讨会。举办面向全国的卫星导航科普知识竞赛活动，利用新浪网科技频道开展面向全国的卫星导航科普知识竞赛活动。在开展知识竞赛的同时，为了解和研究目前我国卫星导航产品的受众人群特征，协会联合多个组织进行了为期一个月的网上问卷调查。

协会2011年创立中国卫星导航定位产业基金，探索产业和金融结合的创新模式，通过挖掘优势资源，把民间资本、国有资本引入到战略新兴产业之中，为企业解决发展所需的资金瓶颈。

△设立中国卫星导航定位产业基金签约仪式

△ 数字城市中的三维虚拟现实技术

△ 2010年11月1日，国家测绘地理信息局局长徐德明、陕西省副省长郑小明出席数字西安地理空间框架建设成果推广会。

数字城市赋

国家测绘地理信息局副局长李维森代表国家测绘地理信息局授予"全国数字城市建设示范市"牌匾

△ 数字武汉签约仪式

数字城市赋

神州风采 篇

五年来全国各地测绘地理信息工作风起云涌、精彩迭出。

推动转型　跨越发展

党的十七大以来，按照北京市委、市政府"新北京、新奥运"发展战略，北京市测绘设计研究院抓住"数字地球"发展机遇，坚持实施"二次创业"发展，生产结构重组，业务流程再造。提出了"开放、包容、合作、共赢"的"大测绘"理念，努力推动由测绘生产型向保障服务型转变，为首都的经济建设提供了坚实的测绘保障服务。

测绘生产总值实现新跨越。到2008年"二次创业"收官时，全院测绘生产总值突破2亿元大关。2011年，全院测绘生产总值逼近3亿元大关，职工收入稳步增长，完成了从传统测绘技术体系向数字化测绘技术体系的跨越。

基础测绘项目完美收官。完成了对北京市旧有控制网的改造，建立了北京市现代化的测绘基准体系；实现了1∶1万基本比例尺地形图在北京市域全面覆盖；建设并完善了基础地理信息数据库；基础测绘向"05-1-1-4"的快速更新，推动了基础测绘向远郊区县、新城核心区的蓬勃开展。

测绘保障服务不断拓展。以服务规划、服务政府、服务社会为宗旨，累计完成了北京城市总体规划、奥运场馆工程、60周年首都国庆庆典、新农村规划、南水北调、市政府绿通工程、轨道交通、地下管线测绘等各类重点测绘工程3万余项，承揽到了千万元级的测绘项目。在长安街改造工程中，一段灰墙的去留关系历史遗迹保护，引起市委市政府及国家领导人关注。北京院及时提供三维地理景观效果图，演示不同解决方案，充分发挥了辅助决策作用。在2009年实施的元上都遗址测绘工程中，集成应用航天卫星遥感、低空无人飞机遥感、地面三维激光扫描，以及GPS测量等多种传感器获取技术，积极开拓新的测绘应用服务

▽2012年"7·21"北京大暴雨后，北京市测绘设计研究院为房山区灾后重建赶制专题地图，温宗勇院长（右二）在作业现场指挥

▽2010年9月，北京市测绘设计研究院承担了四川什邡地震工业遗址纪念园的前期三维场景制作任务，郝赛英书记（左三）现场指导外业工作

△2007年，北京市测绘设计研究院为奥运场馆提供测绘保障服务

领域。2010年，承揽了什邡地震工业遗址、沈阳火车站、首钢二通等三维测绘任务，拓宽了测绘保障服务领域。北京院还出色地完成了甘肃舟曲灾区特大泥石流发生前后数字高程模型数据和数字正射影像制作，受到国家测绘地理信息局领导的好评。

基础地理信息数据加工和系统研发工作卓有成效。北京市测绘设计研究院着力于提高自主创新能力，瞄准政府精细管理需求，积极开展了"全国地理信息公共服务平台北京市分节点建设""数字西城地理空间框架建设""北京市房屋全生命周期地理信息平台""北京市历史文化地理信息系统""北京市土地资源与建设用地综合决策分析平台"等一批建设项目。

服务百姓大众生活积极主动。2009年，《北京人文地理》杂志创刊，"门头沟卷""房山卷"先后发行。深入挖掘基础地理信息资源，与北京的历史文化元素相结合，立体化、多层面展示古都文化与现代文明，服务广大群众文化生活需求。

北京院连续六年被评为"首都文明单位标兵"，并先后获得了"全国建设系统精神文明建设工作先进单位""全国精神文明建设工作先进单位""国家测绘局测绘应急保障先进集体"等荣誉称号。

△2008年，北京市测绘设计研究院开展北京市明长城长度测量项目

天 津

提升理念　提高水平

　　党的十七大以来，天津市测绘院围绕"构建数字中国、监测地理国情、发展壮大产业、建设测绘强国"发展战略，着力转变测绘工作理念，着力提高工作水平，各项工作取得新进展。近年来，60多项成果获国家和省部级科技进步奖和优秀工程奖，其中2项获得中国测绘学会优秀工程金奖。天津市测绘院先后获得"天津市五一劳动奖状先进集体""天津市交通安全责任制先进单位"，国家测绘地理信息局"测绘应急保障先进集体"等多项荣誉称号。

　　着力改善装备设施，提升经济实力。结合测绘事业发展的需求，积极开展各种生产技术装备调研，并引进了LD-9000探地雷达、三维激光扫描仪等设备204台（套）。近年来，新增生产技术装备固定资产1052万元，总值达到5234.02万元。2011年，全院总收入达到4.07亿，比上年增长了28%，首次突破4亿元大关，创历史最高水平，是2006年产值的2.7倍。

　　着力开展国家重点项目建设，紧跟事业发展步伐。2011年底，国家测绘地理信息局与天津市人民政府共同签署"省部共建"协议，就国家局三项重点项目的开展情况作了深入探讨。基础地理信息综合服务平台建设取得阶段性成果。已完成平台软件开发及基础数据的建库工作，正在进一步完善和丰富其功能。充分拓展平台的应用，先后在宁夏电力设施数据采集平台、天津市公安局技防网布防信息系统、天津市东丽区土地整理地理信息系统等项目中得到应用。平台建设开创了全国直辖市全市域同步建设的先例。"天地图·天津"节点网站建设进展顺利。按照"天地图·天津"节点网站建设方案进度安排，正在进行硬件设备建设

▽尹海林局长（中）到天津市测绘院指导工作

△管线点测量

△友谊路沉降监测

和软件开发工作。地理市情监测工作全国领先。完成了城市建设、生态环境、土地利用、地表形变和地质变化5大类45专题的监测工作，编制了2011年天津市地理市情监测报告、监测图集、工作报告和技术报告等成果，为"十二五"期间天津的发展提供了坚实的地理信息支持，为在全国开展地理国情监测提供了经验和借鉴，得到了国家测绘地理信息局领导的高度评价。

着力开展精细化管理，深化天测文化建设。一是规范各项管理制度。制定完善了《天津市测绘院科研管理办法》《天津市测绘院职工取得注册测绘师奖励暂行办法》等40项管理制度，管理制度体系进一步完善。二是加强人才队伍建设。2011年组织各类培训45期，参加职工1756人次，提高了广大职工的业务能力和综合素质。先后引进博士5人、硕士77人，人才队伍整体实力进一步增强。三是加强宣传平台建设。《天测人》报、天测网站、《天测文苑》三个宣传平台建设更加完善，已形成天测特色；2011年在国家测绘报、国家测绘地理信息局网站等各种媒体上发表了120多篇宣传稿。

▽津湾广场——系统开发过程中应用机载、车载雷达，在国内尚属首次，系统功能强大，逼真直观，登陆后，使用者仿佛置身于城市当中，身临其境体验楼宇间穿梭的奇妙感受。

求真务实　锐意进取

党的十七大以来，河北地理信息工作以科学发展观为指导，求真务实，锐意进取，各项工作取得显著成绩。河北省测绘局更名为河北省地理信息局；着力加强法规建设和政策研究，测绘法规政策体系日趋完善；着力推进"三大平台"建设，数字河北地理空间框架初具规模；着力科技自主创新，数字化测绘技术体系日臻完善；着力加强测绘统一监管，测绘依法行政水平不断提升；着力推进成果管理和利用，测绘地理信息对经济社会发展的保障作用明显增强。测绘地理信息事业已经迈入信息化测绘体系建设的新阶段，正朝着又好又快的方向稳步推进。

一是行政管理体制机制不断完善。完善了省、市、县（市）三级测绘地理信息行政管理体制，全省11个设区市、136个县（市）测绘行政管理职能全部划入国土资源系统。经省编委批准，河北省测绘局更名为河北省地理信息局，市、县测绘管理部门年内完成更名挂牌。增设了遥感信息管理处（地理国情监测处），加挂了"河北省航天航空遥感技术应用中心""河北省地理信息市场管理中心""河北省测绘职业技能鉴定中心"3个单位，全省测绘地理信息行政管理职能、机构、人员基本得到落实。

二是测绘地理信息法规体系基本形成。《河北省实施〈中华人民共和国测绘法〉办法》修订出台；《河北省测绘成果管理办法》《河北省测绘航空摄影管理规定》由省政府颁布实施；修订完善了《河北省测绘资质管理办法》《河北省测绘资质分级标准》《河北省测绘项目招标投标管理办法》等一系列规范性文件，地理信息法制宣传教育不断加强，初步建立了适应社会主义市场经济体制的地方测绘法规体系。

三是"三大平台"建设全面推进。省政府办公厅印发了《关于加快推进全省数字城市基础建设工作的通知》，全省10个设区市启动了数字城市建设工作，积极开展"智慧石家庄""智慧廊坊"建设筹备工作。投入1000余万元，完成了与天地图国家主节点的互联互通，网站已面向社会开通使用。开展地理国情监测工作，成立了地理国情监测处，开工建设了"河北省地理空间技术创新基地"，与公安、环保、旅游等多个部门签署了战略合作协议。研建的"河北省国土资源动态监测系统"投入使用，"河北省地质灾害监测预警系统"

△高献计局长（左）到作业一线调研工作

△城市测量

取得了阶段性成果。利用外资建设的"河北省基础测绘设施装备现代化体系项目"获得国家发改委批准。

四是科技自主创新不断加强。成立了国土环境与灾害监测国家测绘地理信息局重点实验室，自主研发的多项科研成果被推广应用。局系统共荣获省部级科技进步奖二等奖3项、三等奖2项，省部级优秀工程类奖金奖5项、银奖4项、铜奖2项。全省测绘地理信息行业荣获测绘科技进步奖34项、优秀成果奖304项。

五是统一监管力度逐步加大。大力加强执法能力建设，推进政务公开，加强对测绘资质资格、产品质量、标准等监督管理，组织开展了互联网地图和地理信息服务网站专项整治、整顿和规范地理信息市场秩序等重大活动，查处了一大批测绘地理信息违法案件。省政府办公厅印发了《关于加强全省航空摄影和遥感资料统一管理的通知》，测绘地理信息依法行政水平明显提高。

六是成果管理利用水平全面提升。完善地理信息成果管理制度，规范了涉密成果、地图审核审批程序，组织了全省测绘资质持证单位核心涉密人员岗位培训。推进基础测绘工作，实现了全省1∶1万数字线划地图的全覆盖。完成了河北省卫星定位综合服务系统建设及扩建，获取了全省范围多分辨率航天航空遥感影像数据，河北省三维地理信息公共平台全省推广应用。推进成果共建共享，与20多个部门签署了战略合作协议，开展了"河北省基础地理信息共享数据库建设"，与省文物局联合完成了"河北省长城资源调查"项目。为汶川抗震救灾、奥运安保、应对突发事件、国土资源管理提供了及时的基础地理信息保障服务。

七是地理信息产业快速发展。截至2011年底，全省《测绘资质证书》持证单位671家，专业技术人员约2万人，直接安排从业人员约3万人。2011年，全省行业地理信息服务总值约17.7亿元，其中10家大中型企（事）业单位地理信息服务值超过3000万元。地理信息产业迅猛发展，十七大以来全省产业规模年平均增长率超过25%，有力地促进了智能交通、现代物流、车载导航、手机定位、互联网信息服务等现代服务业的发展。

▽测绘服务抗震救灾

山 西

构建特色 当好先行

2007年以来，山西省测绘地理信息工作按照"夯实基础、构建特色、打造精品、当好先行"的总体工作思路和"抓项目、出成果、保服务、增效益"的总体工作要求，全力实施"三五一"工程，强力推进重点项目实施，快速提升技术装备水平，不断增强服务保障能力，实现事业快速发展。2008年以来，完成千万元以上大项目19个。局属事业单位的产值和服务值（以合同为准）从2007年的4700万元上升到2011年的1.85亿元。

基础地理信息数据库顺利建成并应用。作为全国最先建成的省级数据库，已提供省政府应急办、森林防火指挥部和住建、交通、水利、环保、林业、地震等部门使用，在建设省应急系统、交通信息系统、防洪抗旱指挥系统、环境监测系统、抗震救灾指挥系统和森林防火、太原市经济圈规划等多个方面发挥了重要作用。建成山西省连续运行基准网及综合服务系统，经专家鉴定达到国际先进水平，已广泛应用于各项建设。完成的山西省高精度三维大地基准和似大地水准面精化成果已广泛应用于测量工程、交通建设和航空摄影测量等方面。

数字城市建设取得突出成效。自数字太原全国首家通过验收之后，全省数字城市建设全面铺开，11个地级市中有8个开展了数字城市建设，2个已经国家局立项，年内启动。数字太原物联网建设取得阶段性成效，数字县域建设加快推进，数字乡镇建设试点正在进行。

地理信息公共服务平台通过验收。已广泛应用于国防、安全、公安、国土、林业、水利、规划等多个领域"天地图·山西"全国首家实现与国家天地图主节点互联互通，具备了满足1000个用户并发访问、响应时间不超过3秒、互操作响应不超过5秒的能力。2012年6月6日，山西省政府新闻办召开山西省地理信息公共服务平台新闻发布会，向社会正式发布，要求新闻媒体积极宣传、各级各部门广泛应用。建成的测绘基线检定场已投入使用，解决了各类测绘仪器设备检定问题。

装备设施建设成效显著。先后投入1亿多元资金，引进ADS40和ADS80数字航空摄影测量系统、像素工厂软件、ALS60机载激光扫描系统、IP-S2移动测量系统、无人机航测系统以及刘先林院士研制的数码航测仪和张祖勋院士研制的全数字摄影测量处理系统等先进技术装备，建成全国第一家ADS航空摄影示范基地、亚洲第一个移动测量系统示范基地，形成从天上到地下、从数据快速获取到加工处理、从软件开发到地理信息综合应用的现代化生产服务体系，技术装备水平处于全国前列。

服务应急救灾广获好评。在突发事件面前做到了快速反应、高效服务。玉树地震灾害发生后，山西局连夜派人送去ADS80数字航摄仪，第一时间完成玉树县222平方千米正射影像图和数字高程模型制作并送到国土资源部和国家测绘地理信息局，用1个月时间完成玉树灾区灾后重建的10169平方千米1∶1万影像地图测制任务。完成"省国土资源生态环境地质灾害遥感动态监测系统"项目，为山西省开展地理省情监测进行了有益探索。

科学技术成果频频获奖。参与完成的"我国区域精密高程基准面建立的关键技术及推广应用""测绘基准和空间信息快速获取关键技术及其在灾害应急测绘中的应用"项目获国

△国家测绘地理信息局局长徐德明观看为襄汾溃坝事故提供的正射影像图

家科学技术进步二等奖。完成的"基于ADS40数字航空摄影测量生产体系研究"获国家局测绘科技进步二等奖、山西省科技进步三等奖；"数字太原地理空间框架建设及应用""山西省GPS C级网的布设及全省大地水准面精化"获国家局地理信息科技进步二、三等奖；"山西省高精度三维大地基准的建立及似大地水准面的确定""山西省连续运行基准网及综合服

务系统"获山西省科技进步二等奖。

测绘文化软实力不断增强。成功组建全国第一家省级测绘宣传机构——山西省测绘宣传中心，在山西祁县成功启动了"爱祖国、爱家乡版图教育进课堂"试点工作，利用局政府网站平台成功举办了首届山西测绘文化作品展。创作了"测绘之歌"，举办了一系列文体活动，丰富广大干部职工的精神文化生活。

△五台山主峰测量

△2008年12月31日，山西省测绘地理信息局纪念改革开放三十周年歌咏大赛

内蒙古

抓住机遇 谱写新篇

党的十七大以来，内蒙古测绘地理信息积极提高测绘水平，增强服务保障水平，初步形成了数字化测绘生产体系和服务体系，为内蒙古经济社会又好又快发展作出了积极贡献。

基础测绘规划目标任务提前完成。全区努力推进测绘地理信息事业稳定快速发展，提前完成了《内蒙古自治区基础测绘规划（2005-2014）》提出的到2014年1∶1万比例尺地形图覆盖率达到33.8%的目标任务。截至2011年年底，全区1∶1万比例尺地形图覆盖率达到39.1%，覆盖面积为46.3万平方千米。2011年《内蒙古三维测绘基准研究与建立》项目通过专家组鉴定委员会评审。到目前已建设

完成的全球导航卫星连续运行参考站全部投入运行。该项目的建设完成，是自治区基础测绘工作的一项重大科技成果。

测绘服务领域逐步拓宽。主动、定期为自治区领导和有关部门领导更换挂图，提供地图成果和地理信息服务。加强与有关部门合作，积极提供测绘成果和技术服务。充分发挥测绘的基础和先行作用，为交通道路、城镇乡村建设、农田水利、国土资源管理、环境生态保护等提供测绘服务。

主动服务新农村、新牧区和城镇化建设。建立新农村地理信息系统，为自治区经济建设、城市发展、新农村规划等提供技术支持和

▽2012年11月8日，内蒙古自治区人大常委会副主任郝益东（左）到自治区测绘事业局进行调研并检查指导工作

△军地共建共享

测绘保障服务。

信息化测绘体系不断完善。十七大期间，将新中国成立自治区存储至今的几万张航空照片、几十万幅地形图和各种测绘成果资料全部进行数字化入库，实现了测绘成果档案资料数字化管理。2009年在通辽市建成了自治区测绘资料异地备份存储基地，确保了测绘成果档案资料的安全。

重大测绘项目建设突飞猛进。党的十七大以来，全区建设完成GPS B、C级控制网的布设和大地水准面精化工作，基本建立起内蒙古现代大地测量基准体系。2010年"内蒙古自治区基础地理信息公共服务平台"建设项目正式启动，截至目前，已建成自治区地理信息公共服务体系（政务版），并实现网络运行，实现与国家天地图主节点的互联和服务聚合。数字城市建设也不懈向前推进。

△2011年6月17日，内蒙古测绘事业局创先争优表彰大会优秀党员表彰

△测绘职工自编自演欢庆节日

夯实基础　加快发展

党的十七大以来，各级领导的关心支持，推动了辽宁测绘地理信息事业的加快发展。2009年6月19日，国土资源部部长徐绍史，国土资源部副部长、国家测绘地理信息局局长徐德明，辽宁省省长陈政高，来省测绘局视察。2011年8月29日，国家测绘地理信息局与辽宁省人民政府联合举办了全国第19个测绘法宣传日沈阳主场活动。2011年12月6日，国家测绘地理信息局在抚顺市召开"数字抚顺地理空间框架建设项目成果发布与推广会议"。2011年，省长陈政高、常务副省长许卫国、主管副省长陈超英分别对加强辽宁测绘地理信息工作作出了重要批示。陈超英副省长多次听取省测绘地理信息局工作汇报，对解决长期困扰辽宁测绘地理信息事业发展的重点、难点问题作

出了明确具体的批示。2012年4月24日，首次召开了由全省县级以上人民政府领导参加的辽宁省测绘地理信息工作会议。国土资源部副部长、国家测绘地理信息局局长徐德明和辽宁省副省长陈超英在会上作了重要讲话，对辽宁测绘地理信息工作给予了充分肯定，并对进一步做好测绘地理信息工作提出明确要求。

"三大平台"建设成效显著。数字城市地理空间框架平台建设全面启动。目前，全省14个省辖市和2个省管县中，已有2个市完成建设，12个市和1个县全面启动；2013年前全省14个省辖市和2个省管县，将全面完成数字城市地理空间框架平台建设。"天地图·辽宁"公众服务平台建设成效显著。2011年8月，完成了网站运行环境搭建与平台集成测试工作，

▽2009年6月19日，国土资源部部长徐绍史（前右一）来辽宁省测绘地理信息局考察。辽宁省省长陈政高（前右二），国家测绘地理信息局局长徐德明（左一）陪同考察

△2011年8月29日，国家测绘地理信息局局长徐德明（左一）在辽宁省副省长陈超英（右二）陪同下出席全国测绘法宣传日沈阳主场举办的大型广场宣传咨询活动

实现了"天地图·辽宁"公众服务平台"互联网一站式"地理信息服务；实现了与国家天地图主节点的互通、与地级市节点资源共享；辽宁省"天地图·抚顺"实现了与国家主节点对接，沈阳、大连等10个市的天地图正在建设中；绥中等县级节点建设试点工作已启动。2013年年底前，全省14个省辖市将全面完成天地图建设，并实现国家、省、市互联互通。

"地理国情监测"政府决策服务平台建设进展顺利。目前国家测绘地理信息局已批准《抚顺市地理国情监测实施方案》，2012年将完成抚顺市矿山环境监测和林业资源监测、地质灾害监测的各项具体工作任务，开展市级地理国情监测的标准规范、技术体系和工作机制等支撑体系的研究与建设，为全面推进地理国情监测工作发挥示范引导作用。

地理信息资源共建共享机制建设卓有成效。目前已与省政府应急办、省公安厅、省国土厅、省人防办、省旅游局、省凌河保护区管理局等6部门签订了协议，即将与环保、气象、交通等30余个部门以及沈阳军区和省军区签订地理信息资源共享合作协议。

应急保障和服务国土执法发挥重要作用。2008年7月2日，辽宁省基础地理信息中心接到上级通知，要承担为赶赴辽宁省对口援建安县的有关单位提供地图的任务。接到通知时，距援建单位出发仅剩26个小时的时间。该中心立即启动了应急预案，组织精干力量，加班加点，奋战20个小时，编制完成了安县灾后重建一期启动的花荄、界牌、秀水、塔水、黄土、河清、睢水、晓坝和兴仁等9个乡镇地形图及安县行政区划图，圆满完成了任务，受到有关部门的称赞。2012年2月2日05时16分，辽宁省营口市盖州市、大石桥市、市辖区交界（北纬40.5°，东经122.4°）发生4.3级地震，辽宁省测绘地理信息局于当日上午启动测绘应急保障Ⅱ级响应机制，于当日13时，及时向省政府突发事件应急指挥机构提供了营口震区行政区划图和遥感影像，受到省有关部门的好评。2011年，在辽宁省开展的废弃地低效利用地和未利用地的三类地普查工作中，辽宁省测绘地理信息局承担了为全省14个市、两个省管县三类地普查提供测绘数据的任务。为了按时保质完成任务，集中抽调200多人，80多台仪器设备，加班加点作业。为配合全省土地执法大检查，对全省上万个伪现图斑进行了认真细致的核查，为国土执法大检查提供了科学依据，为辽宁国土执法跨入全国先进行列奠定了基础。

△辽宁省摄影测量与遥感院的职工在沈阳市沈北新区进行测量作业

振兴吉林　成就可喜

党的十七大以来，吉林省将测绘地理信息工作与振兴吉林老工业基地和全面建设小康社会的总体奋斗目标紧密结合，取得了一系列可喜成就。

在测绘行政管理方面，初步形成了省、市、县三级测绘行政管理体系，通化市、公主岭市和扶余县成立了测绘局。2007年省人大开展了《吉林省测绘条例》执法检查，2008年省政府印发了《吉林省人民政府关于加强测绘工作的实施意见》，2010年修订了《吉林省测绘条例》，颁布实施了《吉林省测绘项目招标投标管理办法》《吉林省测绘地理信息项目登记备案管理办法》等一系列规章，测绘行政管理法律法规体系进一步完善。在测绘市场准入、质量监督、涉外测绘、测绘成果保密等方面加强了监管。严厉查处了超越资质范围从事测绘、非法转包等违法案件。打击了外籍人员在吉林省境内的非法测绘活动。对不符合"一个中国"原则和错绘、漏绘中国重要岛屿和国界的地图及产品进行了专项治理。积极开展测绘法制宣传。2009年，国家测绘地理信息局与吉林省政府在长春市联合举办了"8·29"全国测绘法宣传日主场宣传活动，首次在京外开展全国宣传主场活动，扩大了声势和范围，取得了良好的效果。

在基础测绘方面，实现了全省18.74万平方千米基础测绘1∶1万地形图全覆盖，建立了稳定的省级基础测绘计划管理、经费投入、定期更新和动态更新相结合的更新机制。2007年，省测绘局出台相关政策，持续投入资金和技术力量，引导、支持市（州）、县（市）开展大比例尺测图，市（州）、县（市）基础测绘规

△国家测绘局、吉林省人民政府合作建设吉林省地理信息公共服务平台签字仪式

△国家测绘地理信息局副局长王春峰出席吉林省测绘局四平基础测绘基地落成暨合作建设数字四平签字仪式

划编制工作基本完成。

测绘服务保障方面，为国家水利普查、增产百亿斤商品粮食工程、社会主义新农村建设、环境保护、高速公路建设、城市规划建设以及防灾减灾等提供了有力支持。积极服务开发开放先导区建设，为中朝珲春—罗先跨境经济合作区规划建设项目施测了大比例尺地形图。每年为省委省政府和各有关厅局提供大量的通用和专用地图，为历届东北亚投资贸易博览会、农博会等展会提供吉林省和长春市的旅游交通图，为长春电影节、汽车节等制作专题地图，为应急和抗灾抢险提供了保障服务。编制《吉林省九个市（州）公开版系列城市地图和长白山交通旅游图》《长春百姓生活指南图集》等，为社会公众提供便利。

在基础装备建设方面，加强信息化测绘生产体系建设，"3S"得到广泛应用。引入了无人机系统和ALS70最新型激光雷达，建立了空间基础数据库，完善了遥感信息获取与处理体系。

地理信息重大项目方面，吉林省连续运行卫星定位参考站综合服务系统(JLCORS)建成运行，吉林省地理信息公共服务平台建设启动，"天地图·吉林"上网开通试运行。数字城市建设全面推进，目前全省9个地级以上城市已

启动5个。地理省情监测工作已启动。

科技与人才队伍建设方面，设立了吉林省熹光测绘科学技术奖，与吉林大学地球探测科学与技术学院等单位开展产学研战略合作，与空军航空大学合作开展机载激光雷达航空摄影试验，与中科院长春光学机械研究所合作开展遥感卫星研发应用工作，争取到了省科技厅对测绘科技项目的立项支持。加强人才培养和引进，与武汉大学联办测绘专业研究生班，采取面向全社会公开招聘和招聘武大测绘应届毕业生"绿色通道"等形式吸引了大批人才。

▽2011年7月19日，吉林省卫星定位参考站综合服务系统联测

立足实际 发展繁荣

党的十七大以来，黑龙江测绘地理信息局深入学习科学发展观，牢牢把握新时期测绘地理信息工作面临的新机遇、新特点、立足自身实际，各项工作全面开展，呈现出大发展、大繁荣的良好局面。

发展环境进一步优化。印发了《黑龙江省人民政府关于加强测绘工作的意见》和《黑龙江省基础测绘中长期规划》，黑龙江省人民政府与国家测绘地理信息局签署了省部工作会商纪要，为加快黑龙江省测绘地理信息事业发展奠定了基础。吉炳轩、杜家毫、于莎燕等省委、省政府领导多次对测绘地理信息工作作出重要指示。黑龙江省委书记吉炳轩指出"测绘是眼睛，一定要把测绘工作搞好，要把全省的地形地貌测得更清楚、更详细、更准确。不但在今后的防火工作中辅助科学地决策，同样也

要在抗洪抢险等各种突发性事件、应急事件的处理过程中发挥重要作用"。

黑龙江测绘地理信息局主动作为，全力推进地市级测绘地理信息管理机构建设和更名挂牌。目前，鹤岗市、伊春市已完成挂牌工作。省政府出台了《黑龙江省测绘成果管理办法》。开展了地理信息市场专项整治工作，查处了利用互联网传输、销售涉密测绘成果案件。全省测绘地理信息发展环境进一步优化。

基础测绘进一步加强。黑龙江测绘地理信息局圆满完成了1∶5万更新、西部1∶5万地形图测绘、南极测绘等重大基础测绘项目和专项测绘工程。我局先后派出27人次圆满完成9次南极测绘科学考察任务，为极地科学考察长城站、中山站和昆仑站建设提供了测绘保障。启动了数字龙江地理空间框架建设一期工程，

△黑龙江省省委书记吉炳轩（中）察看森林防火地图

△测绘队员执行第27次南极科考架设无线传感器任务

数字城市建设加快推进。齐齐哈尔、伊春、佳木斯等城市已建成并开通数字城市，为社会提供服务。2011年，作为国家天地图省、市级节点建设试点单位，在全国率先建成了"天地图·黑龙江""天地图·伊春"。近年来，省级基础测绘计划和投入机制进一步健全，投入力度空前加大，省"十二五"基础测绘经费投入达2.5亿元。《黑龙江省基础测绘"十二五"规划》首次纳入省国民经济和社会发展规划。

测绘科技人才创新能力和技术装备水平明显增强。目前，全局拥有国家级青年学术和技术带头人7人，局级青年学术和技术带头人26人，博士5人、硕士93人，优高17人，注册测绘师32人。近年来，黑龙江局积极推进现代测绘技术装备的更新与升级，引进了三维激光扫描仪、ADS80航摄仪、集群式影像处理系统（PixelGrid）、国家地理信息应急监测车等现代化装备，在卫星大地测量、地形测量、摄影测量与遥感、数据库建设、地理信息系统建设与应用等方面的生产技术实力不断增强，测绘生产技术装备水平不断提升。

△数字伊春平台开通仪式

△鲍英华书记（左一）深入山东测区慰问

测绘服务领域不断拓宽。黑龙江测绘地理信息局率先开通了黑龙江省地理信息公共服务平台，基础测绘网络化公共服务体系初步建立。测绘成果在政府管理决策、重大工程建设、公众生活服务等重大应急保障服务中发挥了重要作用。在森林火灾扑救中，黑龙江测绘地理信息局全力以赴，为扑火指挥决策和战略部署提供了及时有力的测绘保障，得到省领导的高度

▽朱杰局长（左三）慰问援疆测绘人员

认可。

进一步推进地理信息产业发展。积极寻求加快推进产业园发展的新途径，理顺重组产业园相关公司。重新组建了以承接海洋测绘项目、国际地理信息服务外包业务等为主的一批测绘地理信息企业。目前，中海经测、新海天公司、龙飞公司、深圳测绘公司等几家测绘地理信息企业正在按照规范化的管理机制运作，积极开展相关工作，运行情况良好。

党的十七大以来，黑龙江测绘地理信息局干部职工发扬"热爱祖国、忠诚事业、艰苦奋斗、无私奉献"的测绘精神，开拓创新，扎实工作。荣获了全国测绘系统先进集体、全国先进工作者、黑龙江省"五一"劳动奖章、全国测绘系统先进工作者、全国测绘地理信息技术能手、全国工人先锋号、全国科普工作先进工作者等荣誉称号。近年来，黑龙江地理信息局承担了国家测绘地理信息科技基金项目、国家科技部"863"计划项目、与外部联合项目以及局本级科技基金项目等各类科研项目80余项，有16项成果获省部级以上科技进步奖项，其中1项获国家科学进步奖二等奖。

△外业调绘作业

文化引领　全面发展

党的十七大以来，上海市测绘管理办公室（上海市测绘院）围绕"坚持科学发展方向，提供一流服务保障"的工作目标，大力推动上海测绘地理信息工作再上新台阶。

深化文化建设，引领文明创建。上海承担了国家局测绘文化发展研究课题，成立了上海市测绘文化研究会。上海市测绘院确立"文化立业，哲学思辨"的指导方针，推出《测绘五字经（千字文）》等文化成果，形成了创建目标一体化、创建工作全员化、反思质疑制度化、创建实践理论化、奉献社会自觉化、工作环境温馨化的文化型文明单位创建之路，被上海市文明办誉为"文明单位文化建设的理想模式"，荣获全国文明单位，连续12届获得上海市文明单位，并获得全国绿化模范单位、首批上海市企业文化建设示范基地、连续6届上海市模范职工之家、上海市五四红旗团委、全国模范职工小家等称号。

强化集中管理，提高监管实效。上海市政府颁布了《关于进一步加强本市测绘工作的实施意见》，明确管理职能，财政经费使用，基础测绘实施，以及基础地理信息的获取、更新、分发和管理统一由市级集中管理的模式。上海市测绘管理办公室编制并在35000多个移动终端播放首部地方性测绘题材电视公益广告，通过每年开展质量、成果等专项检查，开展反地图盗版执法行动，加强行业和市场统一监管，赢得了全国首例数字化地图著作权案。

丰富资源体系，服务上海发展。上海率先建立了"0512"的基础地理信息更新机制（即1∶500和1∶1000的更新周期为1年2次和1年1次，1∶2000为2年1次），形成了"有地上有地下、有线划有影像、有二维有三维、有现状有历史"的空间地理信息资源。地图服务实现从传统单一的纸质向多媒体、多品种、多用途服务转化，测绘地理信息服务实现"1+2+2"

△2008年11月26日，国家测绘地理信息局局长徐德明到上海市测绘院视察，陆洁中书记（右）陪同

△2011年12月27日，国家测绘地理信息局局长徐德明为上海市测绘院获全国文明单位揭牌

△2012年3月12日，国家测绘地理信息局和上海市签署共建合作协议

△聚焦地铁二号线

目标（向100余家政府管理部门免费提供，向200余家区县政府管理部门优惠提供，向社会用户20000多家有偿提供），实现了从满足规土管理的重点服务到为世博会、奥运会、磁悬浮、长江隧桥、轨道交通等重大工程和社会的全方位服务。上海市测绘院荣膺首届中国地理信息产业十佳单位和上海世博会GIS服务特殊贡献单位，注册商标连续被评定为上海市著名商标。

坚持科技创新，推动转型发展。先后推出"上海市地图网""长三角地图网"和"天地图·上海"，初步建立地理信息公共服务平台，全面建设城市三维模型并推广应用，大跨度越江三角高程传递测量等技术成功应用于重大工程建设，分区段地图变形技术申请国家专利，提供了远程实时在线服务等，科技创新成为上海测绘地理信息发展的原动力。"'863'磁悬浮重大专项试验线工程测量""上海长江隧道工程贯通测量""2010年上海世博会测绘工程"连续三届荣获全国优秀测绘工程金奖。

▽2010年2月，上海市测绘院技术人员为世博演艺中心提供监测服务

△2010年11月1日，上海市测绘院荣获世博会荣誉纪念奖牌

抢抓机遇　开拓进取

党的十七大以来，江苏省测绘地理信息局紧紧围绕江苏又好又快推进"两个率先"重大战略部署，抢抓机遇，开拓进取，加强统一监管，丰富地理信息，强化公共服务，构建数字江苏，各项工作取得较大进展。

测绘地理信息行政管理体制机制得到加强。2012年3月27日，江苏省测绘局更名为江苏省测绘地理信息局，职能重新三定，职责全面强化。目前，全省除苏州、泰州市测绘管理和地籍管理合署办公外，其余各市测绘地理信息行政主管部门均内设独立的测绘管理处，各级测绘地理信息行政主管部门均按要求配备测绘地理信息管理人员。先后制定了《江苏省测绘市场管理规定》《江苏省测绘地理信息成果管理规定》《江苏省测绘信用信息征集管理暂行办法》《江苏省测绘局行政执法责任制规定》等20多个配套法律法规及规范性文件。

基础测绘和数字城市建设扎实推进。一批国家和省重点工程的测绘项目相继完成。在全省建立了C级GPS控制网，对大地水准面进行

了精化，完成了全省10.26万平方千米第二代1∶1万数字地形图4000多幅。完成了沿海滩涂区1∶1万正射影像图、数字高程模型和6520平方千米数字线划地图数据采集与建库任务。编制及更新1∶30万、1∶50万、1∶70万和1∶100万系列江苏省政区图；编制及更新了江苏省沿江、沿海、沿东陇海地区地图和南京、苏锡常、徐州3大都市圈地图。2011年8月，江苏省"十二五"基础测绘规划作为省第一批重点专项规划经省政府批准印发，现正按规划有序推进"十二五"基础测绘。镇江、南通等市"十二五"基础测绘规划已经市政府批准实施。全面启动13个省辖市的数字城市建设工作，数字徐州通过省级验收，数字泰州通过国家局验收。

地理信息共建共享机制初步形成。2011年10月11日，国家测绘地理信息局与江苏省人民政府签订共同推进江苏省测绘地理信息事业率先发展合作协议。与上海、浙江、安徽等省市签订了联合开发建设长三角地区基础地理空

▽刘聪局长（左五）和野外一线队员亲切座谈

△桥梁荷载试验

神州风采篇

间信息共享平台，全面展开《长三角地区基础地理空间信息共享平台规划和可行性研究》与"CORS站联网"。江苏省测绘地理信息局与33个省级机关厅局和13个省辖市签订了共建共享协议。各市测绘地理信息行政主管部门逐年加大与相关部门签订基础地理信息共建共享合作力度。

测绘地理信息科技水平得到较大提高。在全国率先建成全球卫星定位连续运行参考站综合服务系统（JSCORS）、应用激光雷达测高技术（LIDAR），首次对全省沿海滩涂地面高程模型进行测绘，填补了我国沿海滩涂高精度测图技术与手段的空白；引进了世界最新的数码航摄技术(DMC)和影像处理系统（像素工厂PF），极大地提高了影像获取和处理速度；配备国产无人飞行器航测遥感系统，大幅提高了基础地理信息快速获取和测绘应急保障能力。全省近30个测绘科技项目获得国家及省部级科技奖励。

测绘地理信息服务保障能力进一步提升。完成了江苏沿江开发管理信息系统、江苏海事局（长江段）地理信息系统、省军区兵要地志信息系统和公安、交通、民政、旅游等一大批管理信息系统。这些系统为全国第二次土地调查、城市建设规划、新农村建设、京沪高速铁路、西气东输、西电东送、华东石油管线、林业资源调查、文物普查、江苏电网变电系统和防灾减灾、太湖治理等国家重点工程和全省基本建设提供了大量测绘地理信息成果，满足了国家和省经济社会发展需求。坚持每年为省"两会"制作专门地图产品，提供给人大代表和政协委员科学决策、参政议政，得到人大代表和政协委员的好评。省市均制定了测绘应急保障预案，组建了测绘应急快速反应队伍。

地理国情监测稳步推进。地理国情监测试点项目列入"十二五"省级基础测绘规划，选择江阴、海安作为江苏地理国情监测试点城市。针对日本M9.0地震对江苏区域地壳运动的影响开展了灾害监测方面的试点研究，解算出江苏境内GPS站点同震位移10～30厘米，部分地区板块产生1厘米的永久性位移，并将该研究成果专题上报省政府。2011年，根据江苏旱情严重的情况，调集无人飞机对南京石臼湖地域进行航空摄影，将最新航摄数据与2000年、2006年该地域影像数据分析对比上报国家局和省政府，为领导科学决策提供可靠依据。

人才队伍建设不断加强。江苏局系统现有高级职称88人，中级职称157人，国家注册测绘师35人，享受政府特殊津贴2人，4人（次）入选国家局青年学术和技术带头人，13人（次）入选省"333高层次人才培养工程"培养对象。江苏局系统先后有30多人（次）获全国优秀党务工作者，省、市劳模，五一劳动奖章等荣誉称号；直属单位多次被授予全国青年文明号、省文明单位标兵、省文明单位、全国测绘系统思想政治工作先进单位、全国测绘系统先进集体、全国精神文明建设先进单位等先进集体称号。

创新发展　浓墨重彩

　　"十一五"时期在浙江省测绘与地理信息事业发展历程中留下浓墨重彩的一笔。五年来，省测绘与地理信息局不断创新发展理念，深化发展思路，完善政策举措，推动决策落实，取得重大突破，多项工作走在了全国前列。

　　测绘统一监管和统筹协调成效显著。在全国率先出台了《浙江省地理空间数据交换和共享管理办法》，修订了《浙江省测绘成果管理办法》，基本形成了较为完善的地方测绘与地理信息法规体系。衢州、嘉兴、新昌成立了测绘局，全省65个县（市，包括个别区）都单设或内设测绘管理机构，全省测绘管理体制逐步健全。组织多项市场专项整治工作，实施重点测绘项目质量监督检查，测绘市场进一步规范。完成永久性测量标志维护管理和土地登记发证工作，创新了测量标志管理制度。

　　测绘对经济社会发展的保障能力显著提高。全省基本建立了基础测绘计划管理体制、公共财政投入和定期更新机制。"十一五"期间，各级财政共投入基础测绘经费近13亿元。建成浙江省卫星定位连续运行综合服务系统并投入运行；获取、更新了覆盖全省的航空影像和高分辨率卫星影像数据；更新了覆盖全省陆域范围的1∶1万基本地形图数字化产品；生产、更新了基本覆盖全省城市建成区及规划区1∶500、1∶2000、1∶5000基本地形图数字化产品，部分市县实现了1∶500至1∶2000基本地形图数字化产品的准实时更新。浙江省成为全国各省区中对国土面积基本比例尺地形图有效覆盖最全、更新最快的省份。省、市级基础地理信息系统全面建成，省地理空间数据交换

▽2010年5月14日，浙江省省长吕祖善（前排左二）视察浙江省测绘与地理信息局

和共享平台、县级基础地理信息系统和数字城市地理空间框架建设有序推进。

测绘公共服务能力和水平大幅提升。测绘公共服务方式由被动转变为主动。建成省电子政务地理信息公共服务平台，为发改、民政、林业、交通、水利、信息产业、公安、卫生等政府部门提供地理信息及其技术服务，共同开发专题地理信息系统。开展海岸线、国土面积等重要地理信息数据的量算、发布工作。开通浙江省级和市级公益性地图网站、实施"一县（市）一图工程"、编制社区地图、建设导航电子地图数据库等满足服务社会公众应用需求，拓展了测绘为公众服务的内容和形式。组织实施支援青川灾后恢复重建测绘工作，实施新农村测绘保障工程。建设应急保障地理信息平台、疾病预防控制电子地图服务平台、地质灾害应急保障地理信息平台，初步建立全省应急测绘保障机制，测绘与地理信息在突发公共事件处置、防灾减灾等方面的保障服务作用初步显现。

地理信息资源共建共享工作进一步深化。测绘部门与其他部门，不同层级、相邻区域测绘部门之间，通过签订协议，开展地理信息项目合作的形式，推进了地理信息资源共建共享。长三角地区、省、市卫星定位连续运行综合服务系统并网运行，长三角地图网开通。省测绘与地理信息局与省级专业部门合作开展数

据分工采集试验、编制数据交换标准、共享专题地理信息数据工作初见成效。省地理空间数据交换和共享平台建设立项并有序推进。全省地理空间数据分工采集、交换共享进一步深化。

测绘科技创新能力和人才队伍素质稳步提升。引进测绘科技创新载体，成立中国测绘科学研究院浙江分院，加快测绘与地理信息新技术的引进、吸收和成果转化应用。地理空间数据共享和交换关键技术获得突破。参与国家测绘标准的起草工作，省、市制定的多部测绘地方标准和规范颁布实施。全省共获得5项国家测绘科技进步奖、1项省科技进步奖，全省测绘科技创新能力得到了提升。实施"人才强测"战略，着力推进干部人事制度改革，规范干部选拔任用工作。按照信息化测绘体系建设要求，加大对各类人才的引进力度，全省测绘人才队伍结构得到改善。

测绘发展方式转变初见成效。在实现全省模拟测绘体系向数字化测绘体系转变的基础上，在全国率先开展信息化测绘体系建设发展战略研究，制订信息化测绘体系建设发展规划。制订并实施省级基础测绘（含应急测绘）现代化技术装备建设规划。开展促进地理信息产业发展调研，调整地理信息企业市场准入政策，全省测绘发展方式转变、测绘服务转型升级工作初见成效。

安徽

服务全省　跨越发展

基础测绘更新实现跨越式发展。安徽省级基础测绘1∶1万数字地图4D产品基本实现全省覆盖，基础地理信息更新加速，省级基础地理信息数据库建设全面展开，基础地理信息数据库逐步成为主要的基础测绘成果形式。基础测绘列入省级财政预算，基础测绘生产采用全数字化技术手段，测绘产品以"4D"数字化成果完全取代了模拟产品。完成了"安徽省基础地理信息示范库"建设与研究；全面布设了新一代大地控制网，实现全球定位系统 A、B、C 级点和水准二、三等点网全省覆盖。大力开展数字城市建设，共7个市开展了数字城市地理空间框架的建设工作，其中合肥、黄山两市全面完成任务，相关部门正在筹备验收工作。

测绘保障服务成绩突出。累计提供测绘服务保障7100余次，提供4万余幅地形图，使用航空航天影像3万余片，成果数据量超过40000GB，开发多个专题GIS系统。在国民经济建设、各级政府管理决策、应急事件处置、防灾救灾以及皖北开发、皖江城市带等省重大经济工作中，测绘先行保障作用突出。完成了多幅（册、集）的政区图、规划图、专题图的编制，研制了12个种类的《安徽省领导工作用图》，研发了《安徽省地图集》，为政府部门科学决策和社会公众了解安徽提供了直观翔实的地理信息参考资料。在"皖江城市带承接转

▽ 蒋学军局长（左二）深入作业现场看望慰问一线职工

△ 2007年11月，安徽省测绘局启动了天柱山、琅琊山、齐云山等三座著名山峰高程测量项目，充分利用卫星定位测量技术、似大地水准面技术、二角高程测量、水准测量等先进测量技术和手段，完成全部的数据、资料整理并上报国家测绘局，由国务院审核后向社会发布

移区示范区""皖北地区"进行地理国情监测试点。

测绘成果共建共享稳步推进。安徽省测绘局分别与安徽省军区、省安全厅、省气象局、省交通厅、省地震局、江苏省测绘地理信息局、浙江省测绘与地理信息局、上海市测绘院等签订了地理信息数据资源共享与合作协议，并约定协议双方将针对国家基础地理信息数据库建设和推广应用，共同开展相关的组织开发、技术交流等。积极落实长三角地区主要领导座谈会精神，参加长三角地区平台建设项目以及其他重大测绘项目的合作。

测绘科技工作取得新进步。开展了安徽省现代测绘基准（似大地水准面精化）建设，建立了安徽省现代测绘基准，为安徽省社会发展和经济建设提供了统一的、高精度的地理空间框架和平台。安徽省空间地理信息基础数据库示范工程研建完成，获安徽省科学技术三等奖。基本建成安徽省卫星定位综合服务系统（AHCORS）；开发并开通安徽省地图网站，形成安徽省公众版地理信息公共平台；完成全省16个市1：1万天地图14～17级省级节点线划电子地图数据的更新和兴趣点的采集工作，并与国家天地图实现超链接。

人才和设备结构进一步优化。全局各测绘单位现有高、中级职称者170人（其中正高3人），被确定为国家局青年学术和技术带头人2人，安徽省测绘局青年学术和技术带头人11人，安徽省学术和技术带头人后备人选2人，形成了跨世纪技术带头人梯队。

围绕大局　　又好又快

党的十七大以来，福建省测绘地理信息工作者坚持贯彻落实科学发展观，围绕中心、服务大局，完善测绘管理体制机制，加强基础测绘，推进三大平台建设，促进测绘成果应用，推动测绘文化创建，为福建经济社会发展提供有力的测绘地理信息保障服务。

测绘管理体制机制不断完善。全面理顺省市县测绘管理体制。福建省测绘局更为福建省测绘地理信息局，龙岩市国土资源加挂龙岩市测绘地理信息局牌子，福州国土资源局设立福州市测绘分局，厦门、莆田、泉州、南平、三明、龙岩等地先后建立直属事业单位基础地理信息中心。福建省地图出版社顺利改制转企，福建省基础地理遥感影像应用中心成立。

测绘统一监管能力不断增强。加强地理信息市场专项整治，与教育、工商、保密等部门建立工作联席机制，联合开展40多次地理信息专项整治，检查967家地理信息单位，1829家互联网地图和地理信息服务网站，没收问题地图产品4万多件。加强测绘资质审查，建立地理信息网上执法平台，全省共有测绘资质单位322家，有12家测绘单位获得互联网地图服务资质、1家测绘单位获得无人机航空摄影资质。

基础测绘建设成效显著。建成71个运行稳定、分布合理的全省连续运行卫星定位服务系统，实现全省覆盖。完善了市县大地控制网，加密了水准路线，测绘基准体系实现了从静态

△2009年1月19日，福建省副省长苏增添（右二）到福建省测绘创新基地调研测绘地理信息工作

△2010年5月28日，福建省突发暴雨，引发山洪、泥石流等地质灾害，福建省测绘地理信息局立即派出多路测绘队伍，奔赴各灾害点进行全天候观测

到动态的跨越。实现1：25万、1：5万、1：1万比例尺基础地理信息全省陆域覆盖，完成1：1万比例尺基础地理信息更新3万多平方千米，新测1：5000比例尺基础地理信息1.5万平方千米。编制全省85个县域地形图、550个乡镇地形图，完成6000多个村庄地形图测制，切实做好43个小城镇综合改革试点的测绘保障工作。全面启动数字城市地理空间框架建设，数字莆田通过验收，数字泉州建成，三明、龙岩、南平、厦门、福州等已开展数字城市建设，宁德、平潭正积极推进。

测绘保障服务能力显著增强。开通省市测绘成果目录服务网站，建成基础地理信息分发服务系统，建立测绘成果应急提供机制。为社会各界1200多个用户提供数字成果4.2万、数字图14.1万幅、大地控制点3.5万点、航片7.8万片、卫星影像570多景。出版《福建省情地图集》《福建省行政区划地图集》《福建旅游交通图》《图证福建光辉90年》等大量综合及专题应用地图。

地理信息开发应用能力不断增强。政务版和公众版地理信息公共服务平台（"天地图·福建"）正式开通，"天地图·福建"与国家天地图互联互通与协同服务。利用三维地理信息平台开发了60多个专题应用系统，无障碍地图（爱心图）在"天地图·福建"上部署运行，全国首创纸质、网站、手机三位一体无障碍地图，极大方便残疾人、老人、小孩的出行。

科技创新能力进一步提升。不断加大测绘投入力度，科技创新能力得到有力提升。通过项目带动人才培养，开展局青年学术和技术带头人评选。与福建师大、闽江学院签订合作协议，定期开展关键技术攻关。加强闽台测绘科技交流，积极参加举办华东六省一市测绘交流。

△2012年6月15日，何清和书记（右四）到宁化县看望村庄规划测图工作人员

△福建地信中心工作人员向残疾朋友介绍地图的布局与使用

科学发展　服务崛起

党的十七大以来，是江西测绘地理信息事业取得重大进展、重大突破、重大成就的五年，也是江西测绘地理信息工作作用大彰显、地位大提高、影响大提升的五年。

五年来，测绘地理信息事业发展环境之好前所未有。省委书记苏荣、省长鹿心社多次对测绘地理信息工作作出重要批示，并听取了全省测绘地理信息工作的汇报。国土资源部党组副书记、副部长、国家测绘地理信息局局长徐德明两次亲临江西指导工作。省政府与国家测绘地理信息局签署了《鄱阳湖生态经济区建设测绘保障服务合作协议书》。2012年全国"两会"期间，省长鹿心社、省委常委、常务副省长凌成兴及三位副省长走访国家测绘地理信息局，规格之

高、阵容之大，在江西测绘地理信息发展史上前所未有，翻开了我省测绘地理信息事业发展历史新篇章。各地党委政府对测绘地理信息工作的重视程度和支持力度也显著提高。

五年来，测绘地理信息保障服务能力提升之快前所未有。完成了鄱阳湖基础地理测量工作，开展了鄱阳湖生态经济区核心区的地理国情监测，为摸清鄱阳湖家底提供了详尽的地理信息资料；"天地图·江西"开通运行，全省第二代1∶1万数字地形图成果实现了全省覆盖；利用无人机对旱灾和地质灾害严重的地区进行监测，受到国家测绘地理信息局和省领导的充分肯定；全省11个设区市有8个已开展数字城市建设，走在了全国的前列；援疆测绘取

△2012年3月6日，江西省省长鹿心社（右四）、常务副省长凌成兴（右二）等省领导走访国家测绘地理信息局

△2010年8月29日，国家测绘局、江西省人民政府共同签署《鄱阳湖生态经济区建设测绘保障服务合作协议书》

△2010年11月30日，高振华局长（右一）深入测区，检查鄱阳湖基础测量工作

得了"全国第一个进疆专业队伍，第一个完成援疆项目，第一个移交测绘成果"三个第一。

五年来，测绘地理信息统一监管力度之大前所未有。测绘地理信息行政管理体制不断完善，江西省测绘局更名为江西省测绘地理信息局，并增加了职能，省局机关内设处室由副处级调整为正处级，测绘行政管理职能进一步落实。全省现有测绘资质单位近400家，涉及测绘、地矿、水利、建设等18个部门。测绘地理

信息行政执法有效加强，查处了一起江西省首例外国人来华非法测绘案，测绘市场和地图市场秩序进一步规范。

五年来，测绘地理信息系统干事创业热情之高前所未有。大力开展创先争优活动，努力抓好机关作风建设、测绘文化建设，对外树形象，对内强素质，不断提高党组织的创造力、战斗力、凝聚力。2010年、2011年江西局连续两年被评为国家测绘地理信息局年度工作考评优秀单位。2011年，江西局在全国测绘系统省级测绘行政主管部门科学发展观的考评中排名第七，并荣获"全国文明单位"称号，成为全国首家省级测绘地理信息行政主管部门获得该荣誉称号的单位。党的十七大以来，先后荣获全国测绘宣传工作先进集体，全省"五五"普法先进单位，全省综治、扶贫工作先进单位等光荣称号。

一心一意谋发展，众志成城促崛起。江西测绘地理信息事业发展正站在一个新的历史起点上，在省委省政府和国家测绘地理信息局的正确领导下，积极主动服务十鄱阳湖生态经济区建设，加快地理国情监测和地理信息产业发展，扩大数字化城市成果应用，推动测绘地理信息事业再创新辉煌，为建设富裕和谐秀美的江西作出新的更大贡献。

▽2012年8月7日，匡猛书记（右三）在丰城测区调研

优化环境　　提升服务

　　管理体制机制日益完善。山东省测绘局更名为山东省测绘地理信息局，增设1个业务处室，管理职能和力量得到加强。临沂市及所辖县区成为全国首个成立测绘与地理信息局的地区，滨州市、潍坊市在全国率先成立地理信息局，东营、泰安等5市也成立了测绘局。省市两级政府普遍印发了加强测绘工作的意见，测绘地理信息与交通、民政、气象、公安、地震及军队主管部门广泛建立共建共享机制，测绘地理信息发展环境得到不断优化。

　　基础地理信息资源建设实现了跨越式发展。大力实施《山东省基础测绘"十一五"规划》，实现了C级GPS控制网、卫星定位连续运行综合服务系统、2.5米与0.3米分辨率遥感影像、1∶1万基础地理信息数据全省陆域覆盖，大比例尺地形图市县城镇全覆盖，初步建立了现代化测绘基准体系和基础地理信息资源储备体系，从根本上扭转了全省基础地理信息资源匮乏的局面。省市两级政府印发了"十二五"基础测绘规划，形成了省市两级基础测绘规划和投入机制，有效保障了基础测绘可持续发展。

　　测绘保障能力和服务水平显著提升。建成了省级测绘生产科研基地，更新升级了基础测绘装备，提升了基础测绘生产能力。开通了省级地理信息公共服务平台，基于电子政务专网

▽2011年4月18日，徐景颜厅长（右三）亲临泰山山林大火测绘地理信息应急救援现场

△2011年2月24日，吴玉海局长（左一）参加山东省卫星定位连续运行综合应用服务系统开通仪式

和互联网提供在线地理信息服务。设区市全部启动数字城市地理空间框架建设，其中8个已建成，在150多个部门的近300个系统中得到广泛应用。完善省市两级应急测绘保障预案，组建应急保障队伍，配备无人飞机航摄系统，应急响应能力明显提升。为政府决策制作了黄河三角洲战略研究用图、全省"十二五"规划用图等专题地图和《领导工作用图》，编制出版了《山东省地图集》，编制出版各类公开地图（册）产品450多种。实施了新农村建设测绘保障服务示范项目。开通测绘成果目录服务系统，向社会提供各种比例尺地形图15.8万幅，各等级测量控制点3.1万个，各类遥感影像488.4万平方千米，较前五年增长十倍多。

测绘统一监管能力不断提高。深入开展地理信息市场专项整治、互联网地图专项整治和测绘成果保密检查等专项活动，累计检查地理信息单位1891个，互联网地图服务网站485个、地图网页1645个，各类地形图3.2万余幅，共查出问题单位118个，并督促其整改，形成了多家部门联合开展监督检查的工作机制，全省地理信息市场监管制度进一步健全，各级管理部门市场监管能力和水平明显提高，测绘地理信息市场秩序得到进一步强化。积极开展测绘质量监督检查和评优工作，共检查2600项重点测绘项目成果，提高了全省测绘行业的整体质量水平。创新测量标志管护机制，实行测量标志分类管护制度，进一步落实测量标志管护职责，全省测量标志管理水平和完好率明显提高。

地理信息产业发展壮大。全省测绘单位达到了704家，其中甲级测绘资质单位增加到25家。党的十七大以来，全省行业服务总值保持了年均26.15%的增长，2011年达到21亿元。测绘业务领域日益扩大，地理信息产业园开建，私营测绘单位、地理信息系统、电子地图编制服务总值所占比重逐年增加，测绘市场规模和活力日益增强。

▽山东省国土资源厅组织技术力量对泰山高程进行精确测量，泰山没有精确、权威高程的历史就此结束

上新台阶　上新水平

五年来，河南省测绘地理信息工作本着"服务大局、服务社会、服务民生"的宗旨，各项工作实现了上新台阶，上新水平。

测绘管理体制机制不断完善。省辖18个市均设立了测绘管理机构，其中5个市为测绘局或测管办，80%以上的县（市、区）设立了测绘管理机构。加强法制制度建设，建立目标管理考核体系、加强测绘资质管理、严把市场准入关、规范了测绘地理信息市场。现全省测绘持证单位728家，从业人员1.2万余人。

基础测绘工作不断加强。加大了基础测绘投入，五年间省财政投入基础测绘经费2.4亿多元。完成了省级基础测绘更新，丰富了地理信息资源。1∶1万基础地理信息基本覆盖全省，同时启动实施"人·县·年"快速更新生产。开展了省级电子政务及专题地理信息系统建设。其中地理信息发布平台和数据库部分项目已建成，并先后完成综合省情、中原城市群、农、林等11个专题地理信息系统建设。公众版地理信息服务平台已建成并为公众提供三维信息地图。加强了测绘成果档案资料管理和分发服务体系建设。覆盖全省的多级比例尺矢量、影像和数字高程模型一体化数据库，1∶1万、1∶5万、1∶25万数据库，可基本满足经济建设和社会发展的需求。建立、完善高精度的测绘基准和空间定位服务系统。完成了覆盖全省

△2012年3月，河南省副省长张大卫（左二）出席数字郑州地理空间框架建设项目成果发布推广会

▽2008年10月，河南省地图院黄河滩区应急测绘

▽贾志伟局长（中）在测绘法宣传日亲临检查并发放宣传品

域亚分米精度大地水准面精化，建成了67个基站组成的卫星连续运行服务系统，并初步建立了定期复测机制。牵头完成涉及地理空间信息的数十个省级标准编制工作。

数字河南建设步伐逐年加快。日前已有13个省辖市列入国家局试点或推广城市，数字郑州、数字平顶山已顺利通过国家局验收。数字县域试点8个，数字乡镇试点30余个，已逐步形成省、市、县、乡四级联动，齐抓共管的喜人局面。

测绘服务保障水平不断提升。在领导决策、政府规划、抗震救灾、南水北调、公铁交通、突发事件等方面提供了准确、及时而有力的测绘保障。在2008年、2009年黄河中下游两岸的封丘、兰考两县因黄河滩地种植发生纠纷的群体事件中，河南局及时派出测绘应急分队配合省政府工作，提供及时、科学的测绘数据成果，为解决纠纷提供有力的测绘保障，受到省领导高度赞扬。

五年来，测绘科技创新成就喜人。共获省部级优质测绘工程金、银、铜奖7项；组织全省测绘科技奖评审，共评出科技进步奖44项。

△2011年9月，河南省遥感测绘院为陇海铁路塌方进行应急测绘保障

△2011年5月，河南省地图院六一捐赠信阳世友小学地图用品

△天地图一周年

▽天地图——上海世博园

△天地图开通国新办发布会

▽2012年1月18日，天地图服务器上线剪彩仪式

纵横天地图

湖 北

引领产业 服务中部

党的十七大以来，在湖北省委、省政府的重视关怀下，在相关部门的支持下，湖北省广大测绘地理信息干部职工团结奋斗，推动测绘地理信息事业发展，取得了新成就，实现了新突破。数字湖北建设稳步推进，数字城市建设全国领先；地理国情监测保障及时、有力；地理信息产业发展健康、迅速；测绘科技成果丰硕、实用。湖北测绘知名度大幅提升，国际地位逐日攀升。

为政府决策提供测绘保障。测绘工作紧紧围绕省委、省政府中心任务，建设湖北省主体功能区规划地理信息系统、湖北省电子政务空间基础地理信息系统等，将跨行业、多要素、多层次、多时态的信息及时提供给各级行政机关，为政府

部门提供决策依据，营造多个专业部门联合为政府机关提供信息服务的运行模式。充分利用卫星遥感、航摄飞机、地面测量等天空地一体化观测系统，积极开展地理国情监测，为防疫救援、防汛抢险、抗旱救灾等突发事件及灾后评估、重建，提供及时、准确、可靠的测绘保障。

为经济社会建设提供基础平台。湖北省开展数字城市建设覆盖率居全国之首。数字潜江、数字武汉、数字鄂州等地理空间信息公用平台相继建成、运行，全省15个市、州启动数字城市建设项目。数字湖北在全国数字省域建设中走在前列。开创合作共享新机制，湖北省测绘局与省气象局、省地震局共同建设完成了覆盖全省的连

△国家测绘局、湖北省人民政府签署武汉城市圈"两型社会"建设测绘保障服务合作协议

△踏歌行

续运行卫星定位服务系统。建成全省高精度、动态、实时的现代测绘基准体系。

为新农村建设提供服务保障。我省率先提出"百镇千村"测绘服务，推进"仙洪新农村建设试验区"建设，开发农村专题地图等涉农产品，向市县测绘行政主管部门赠送"百镇千村"测图项目成果。

为重点工程保驾护航。由国家测绘地理信息局、重庆市、湖北省合作建设的首个跨省市、跨区域测绘重大项目"三峡库区综合信息空间集成平台"建成，为三峡库区社会经济的全面、协调、可持续发展提供决策服务。为南水北调，移民工程，水库、堤防、农田灌溉基础设施建设，和省内高速公路、铁路、武汉新港等重大项目，提供了大量的空间地理数据，为工程的勘测、规划设计和施工，也为促进"中部崛起"作出了重要贡献！

服务百姓满足社会广泛需求。不断开发出适合于不同行业不同层次的多种测绘地理信息产品，先后启动建设全省连续运行卫星定位服务系统、车载卫星导航系统、湖北省交通旅游系列地图、湖北省地图网站等公共服务系统，满足人民

群众的生活需要。由湖北测绘工作者研发核心技术的天地图、地理信息智能道路检测车、激光动态测量弯沉车等高新技术产品，已达到国际领先水平，受到温总理等中央领导的好评。

地理信息产业得到了长足发展，国际交流日益广泛，部门间协调合作进一步加强，不断完善科技管理政策和创新机制，组建重点实验室和工程技术中心。国家地球空间信息领域产业化基地落户光谷，全省地理信息产业服务总值快速增长。

△无人机亮相全国反恐演习

服务平台　数字湖南

数字湖南地理空间框架建设与应用工作稳步推进。一是《数字湖南规划（2011—2015年）》已经省委常委会议审议并获原则性通过，作为该规划的重要组成部分，《数字湖南地理空间框架建设工程"十二五"发展规划》也已编制完成，标志着湖南地理空间框架建设将进一步提速；二是完成了数字湖南地理空间框架项目的省级地理信息公共服务平台项目设计与落实部分资金，约3800万元；三是与国家超级计算长沙中心进行了业务与技术方面的对接，湖南省地理信息信息公共服务平台成功运行于超级计算环境下，并得到省领导的充分肯定；四是积极向相关部门提供地理信息公共服务，已经为省军区、省发改委、省质检局、省水利厅和省电力公司等部门提供了地理信息系统数据服务和地理信息数据平台服务。

数字城市建设取得重要进展。从2007年开展数字城市建设以来，继郴州、益阳、长沙列入国家数字城市建设示范城市后，又有岳阳、株洲、湘潭、衡阳和湘西自治州列入国家数字城市建设推广城市。国家测绘地理信息局将在年底对数字郴州和数字益阳进行正式验收。湖南省首个数字县城茶陵县数字城市建设方案已报国家测绘地理信息局，已列入到了数字县城试点城市。数字城市地理空间框架建设使湖南省测绘公共服务能力得到大幅度提升，也有力地促进了市县基础测绘工作的发展。

▽2012年3月8日，国家测绘地理信息局、湖南省人民政府签订共同推进数字湖南地理信息基础工程协议

△2012年2月9日，湖南省省委书记周强在湖南省国土资源厅信息中心考察数字地理空间系统建设

湖南CORS通过验收。作为数字湖南地理空间框架"一网一库一平台"之中的"一网"——湖南省卫星定位连续运行基准站系统（HNCORS）通过专家组评审。湖南CORS由分布全省的93个基准站、控制中心、数据中心、数据传输网络和用户应用系统5个部分组成。湖南CORS系统将广泛应用于国土资源动态监测、城市基础测绘、工程测量、城市规划、市政建设、交通管理、地震及地面沉降灾害监测和气象预报等领域，是数字湖南的重要组成部分。CORS的建成并通过验收，标志着湖南省卫星导航定位应用技术进入高精度、多元化、实时定位和快速服务的新阶段，同时也标志着湖南省在基础测绘和信息化建设等方面已走进全国前列。

积极推进天地图建设。按照国家测绘地理信息局提出的权威、鲜活、统一、高效的"一站式"地理信息服务的要求，在国家地理信息公共服务平台总体框架下，遵照天地图省、市级节点建设方案以及相关技术标准与规范，基于湖南省最新地理信息资源，加紧进行数据资源整合和平台系统完善等工作。力争年底前，实现与天地图主节点的互联互通和协同服务，并在此基础上完成2～3个典型服务示范项目。同时还积极推进天地图南方节点建设工作，邀请了国家测绘地理信息局、国家基础地理信息中心和武汉大学相关领导、教授前往国防科技大学和湖南大学考察国家超级计算长沙中心，并就有关天地图南方节点建设的有关事宜进行洽谈。

▽2011年6月，湖南省第一测绘院引进先进的LYNX车载移动激光扫描系统，为数字湖南建设服务

数字城市 成效显著

五年来，数字城市建设成效显著。建设进度全国领先。2008年至2010年，经国家测绘地理信息局批准，广东省21个地级以上市均列为国家数字城市地理空间框架建设试点或推广应用城市，其中广州、深圳、珠海、惠州、佛山5市为试点城市，其他16个市为推广应用城市。2010年11月至2012年4月，国家测绘地理

▽2009年7月28日，广东省省长黄华华（左四）、副省长林木声（左二）在广东省国土资源厅招玉芳厅长（右二）、总工程师杨林安（右一）的陪同下，到广东省国土资源技术中心视察、检查工作

▽陈耀光厅长（中）深入基层调研

信息局授予惠州、佛山、广州三市"全国数字城市建设示范市"的称号。建设成果已通过国家和省的验收，全面投入应用。截止2012年5月，在已验收的12个市中，参与数字城市建设的应用示范系统有140多个，除国土资源部门本身和社会公众系统外，有超过90个应用示范系统涵盖了政府各部门方方面面的工作。

五年来，公共平台建设取得突破。在省委、省政府的大力支持和正确领导下，珠江三角洲基础地理信息公共服务平台建设列为广东省委省政府贯彻实施国务院批准的《珠江三角洲改革发展规划纲要（2008-2020年）》重大工程项目，项目建设调研报告已通过省发展改革委等部门的立项审查，预计2012年年底之前平台搭建完成并开展试运行。

五年来，测绘管理工作有了长足发展。加强测绘资质管理，积极推动地理信息产业发展。党的十七大以来，广东省国土资源厅共完成测绘资质申请、升级、变更、增补业务等审核和备案970多宗，核发测绘作业证5259个。完成各年度各等级测绘资质年度注册和测绘资质复审换证工作。

加强测绘市场监管，优化地理信息产业发展环境。建立全面检查的测绘质量监督检查制度。从2008年起，连续4年在全国率先开展了覆盖全省全部各等级测绘单位的测绘质量监督检查工作，连续4年按年度公开公布所有检查结果。开展全省地理信息市场秩序整顿和规范工作。对地理信息市场重点监管环节、对象、活动等开展执法检查和保密检查121次，检查单位964个、网站网址215个。开展测绘成果保密检查。组织全省680多家涉密测绘成果使用

△邬公权书记（中）深入基层指导调研

△李俊祥副厅长（左三）在野外检查工作

和测绘资质单位对照检查目录全面开展了自查工作，自查覆盖面达到100%。加强互联网地理信息安全监管和防范工作，检查互联网地图服务网站网址910家，查处问题地图网站网址405家，关闭没有互联网地图服务测绘资质网站网址131家，曝光5家。

加强地图服务工作，为经济社会建设作出贡献。积极做好亚运会和大运会、国土资源大调查成果展览、公开版公共电子地图等审图工作，及时有效地为开通地图审核绿色通道和重点项目、重大活动提供了快速及时的审图服务。党的十七大以来受理审核地图570多件，编制并公布全省标准地图117幅，组织编制出版地图、图书370多种、700多万册；编制出版了行政区划地图、交通地图、地势图、旅游地图、地图册（集）等公开版地图、图书67种。

推进制度建设，完善测绘管理法律体系。积极配合省人大常委会推进《广东省测绘管理条例》修订工作。《广东省测绘条例》已于2011年7月29日通过，11月1日起施行。

▽野外工作掠影

服务保障　坚强有力

党的十七大以来，广西测绘地理信息局为促进广西经济社会发展提供了强有力的测绘服务保障。

体制机制逐步完善。经中编办批准，自治区测绘局更名为自治区测绘地理信息局。自治区编委批复同意在各设区市国土资源局加挂测绘地理信息局牌子。全省机构与编制增设了行政审批办公室和总工程师职位。

统一监管明显强化。强化统一监管，开展地理信息市场专项整治、国家版图意识宣传教育、地图市场监管和测绘成果保密检查；实施了市级测绘行政管理考核评价制度和广西测绘单位信用评定制度；查处的广西北海涉外非法测绘案件，获国家安全部、国家测绘地理信息局2009年度"优秀涉外测绘执法案件"一等奖。

三大平台稳步推进。数字城市建设全面铺开，北海市通过了国家测绘地理信息局验收，并被授予"全国数字城市建设示范市"称号；地理国（区）情监测工作逐步开展，为北部湾区域经济建设提供适时测绘地理信息服务保障；"天地图·广西"建成正式上网运行，并接入和集成广西大地测量成果管理与服务系统。

基础测绘成效显著。全面完成14个设区市基础测绘规划编制工作，建立了广西现代空间定位基准、精化了广西区域似大地水准面。完成了

▽广西壮族自治区党委书记、人大常委会主任郭声琨（右六）参观检查地图院制作的沙盘

△陈仲怀局长（中）亲临现场指导海岸线修测工作

1：1万DLG更新7057幅，DOM8490幅，DEM和DRG8474幅。

重大项目建设顺利。广西CORS系统102座基站即将建设完成，将于2012年底实现全区覆盖。广西卫星遥感综合应用实验基地落户南宁，123亩建设用地已获批复。在全国率先开展城镇三维地籍数据库建设，为国土资源管理和城市建设与管理提供三维地理信息服务。

保障能力持续提升。我国第一辆国家地理信息应急监测车装备广西。积极为中国—东盟博览会、北部湾开放开发、海域规划管理等提供了可靠、及时的测绘保障服务。为2008年广西雨雪冰冻灾害、2010年南方特大旱灾、2010年来宾市良江镇地面塌陷、2011年桂林市全州县泥石流灾害和2012年柳州市柳南区岩溶地面塌陷地质灾害提供了应急测绘服务保障。

科技创新有新突破。"我国区域精密高程基准面建立的关键技术及推广应用"项目被国务院授予国家科学进步二等奖，"广西现代空间定位基准的建立及似大地水准面的确定""南宁连续运行卫星定位综合服务系统"项目分别荣获2007年和2008年年度广西壮族自治区科技进步二等奖。

人才队伍得到加强。培养和引进了2名博士研究生、20名硕士研究生，建立了一支结构合理、作风优良的基础测绘队伍；有7人被国家测绘地理信息局授予"全国测绘地理信息技术能手"荣誉称号。2011年10月，成功承办了第二届全国测绘地理信息行业职业技能竞赛工程测量竞赛。

△2011年9月1日，数字北海地理空间框架通过国家测绘地理信息局验收

△2008年7月26日，广西测绘局为百色那读矿难施救提供定位服务

服务大局　建设宝岛

党的十七大以来，海南测绘地理信息工作紧紧围绕中心，服务大局，以为海南国际旅游岛建设提供测绘保障作为重点，强化测绘统一监督管理，加快推进基础测绘，提升测绘保障能力，完成多项国家和省级重大测绘项目，为海南省经济建设、社会发展提供前瞻性、基础性和公益性保障服务。

测绘保障能力大幅提升。海南测绘地理信息局始终紧紧围绕省委、省政府的战略部署，加强基础测绘，拓宽服务领域。国家测绘地理信息局和海南省人民政府签订了《海南国际旅游岛数字地理空间框架建设合作协议书》，共同投资合作建设海南国际旅游岛数字地理空间框架项目。2010年，海南遭遇有气象记录以来的最强降雨，海南测绘地理信息局通过无人机航摄影像、合成孔径雷达卫星遥感数据，制作防汛抢险救灾专题图，供各级领导部门用于抢险救灾与灾后重建，应急测绘保障工作得到了海南省委、省政府及各部门的高度肯定。近年来，还为省二次土地调查、海南环岛铁路建设、文昌卫星发射基地等提供了前期基础性保障服务。2012年6月，国务院宣布成立三沙市。海南测绘地理信息局派出外业人员测绘三沙市岛屿，服务三沙市基础设施建设，编制三沙市地名碑刻地图，得到了省政府的赞扬。围绕海南国际旅游岛建设工作重点，海南测绘地理信息局采用无人机获取海南国际旅游岛先行试验区高分辨率影像，建设"数字先行试验区"，服务省委省

△2009年2月18日，国家测绘局、海南省人民政府加强基础测绘能力建设，服务海南经济社会发展会谈纪要签字仪式

△2009年1月5日，海岛（礁）测绘技术国家测绘地理信息局重点实验室在海南测绘地理信息局正式挂牌

政府决策。2011年，海南测绘地理信息局向社会提供各类比例尺地形图3341张，比2010年增加了134%，公开版地图的审图数量比2010年增加了22%，充分体现了全省测绘地理信息系统坚持以扩大应用服务领域为使命，不断增强主动服务意识、提高服务水平的工作宗旨。

三大平台建设顺利推进。数字省区——海南国际旅游岛数字地理空间框架建设进展顺利，政务版平台已上线运行。数字城市建设在全省推开，海口市、三亚市、澄迈、陵水等市县已开展数字城市建设，屯昌、昌江、五指山、保亭、定安积极申报。数字儋州地理空间框架建设通过验收。与省旅游委、省公安厅达成了合作意向，通过"天地图·海南"为旅游地理信息服务平台、技侦指挥支持信息系统提供地理信息数据支撑。海南地理省情监测工作有效推进，初步确定海南省地理国情监测内容

△外业测绘

△时任王保立局长（右四）、现任杨宏山局长
（右三）视察外业工作

△海南国际旅游岛地理信息公共服务平台

为东部海岸线保护和开发利用状况监测、中部水资源地生态环境监测和东寨港红树林变化监测。将借助海南国际旅游岛地理信息公共服务平台，向社会发布海口的地表覆盖变化、水利交通路网发展、城市化进程等监测数据。

测绘地理信息行政管理体制机制逐步健全。海南测绘局、海南省国土环境资源厅、海南省机构编制委员会办公室联合下发《关于进一步加强市县测绘工作的通知》，全面实现了在全省市县设立测绘局，每个市县落实1～2名测绘行政管理人员编制。省机构编制委员会2011年4月印发《关于海南省测绘局更名为海南省测绘地理信息局的通知》，同意海南省测绘局更名为海南省测绘地理信息局，相应增加

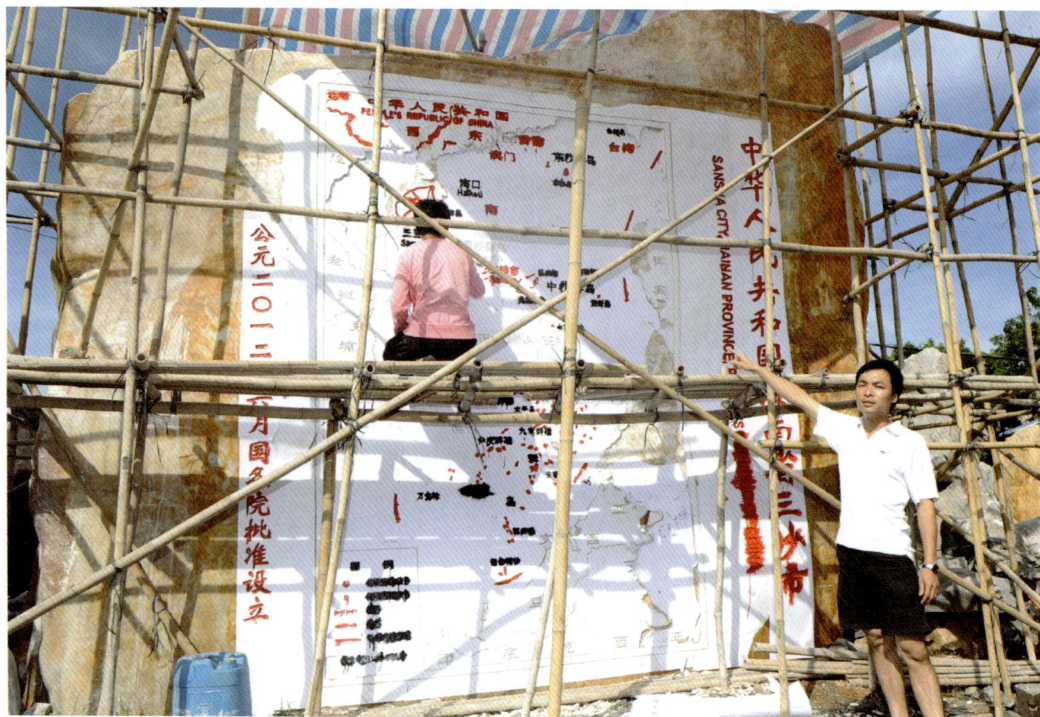

△三沙市碑刻地图刻制现场

150

△海岛（礁）测绘

监督管理地理信息获取和应用、组织协调地理信息安全监管职责。省机构编制委员会小公室、省国土环境资源厅、省测绘地理信息局共同推进市县测绘局更名为"测绘地理信息局"工作。2011年，全省所有市县全部完成了测绘行政管理机构的更名和职责调整。为了规范海南测绘市场，建立良好的市场秩序，着力加强了行业资质管理，对地图市场、涉密成果管理、互联网地理信息等进行监管，坚持打击违法测绘活动，保证了海南省测绘事业的健康持续发展。目前，全省测绘资质单位发展到119家，比2007年底增加56.5%。

基础测绘工作成效显著。经省政府批准，省测绘地理信息局与省发改委联合印发了《海南省基础测绘"十二五"规划》，部署全省基础测绘"十二五"期间工作任务。"十二五"省级基础测绘经费1.4亿，比"十一五"增长了8倍。基本完成海南岛北部的1：1万地理信息数据更新，更新后的基础地理信息数据广泛应用全省各行业的建设发展。少数民族地区基础测绘取得突破，建成海南省少数民族地区连续运行卫星定位服务系统，覆盖了海南省少数民族地区及周边海域地区，构建了海南省少数民族地区高精度、三维、动态、多功能的现代化测绘基准体系，弥补了海南省在测绘领域网络服务方面的空白。

▽海岛（礁）测绘

地信服务　全面推进

党的十七大以来，重庆市规划局在国家测绘地理信息局、重庆市委市政府的正确领导下，认真履行测绘地理信息行政管理职能，为重庆市经济社会发展作出了突出贡献。

不断完善测绘地理信息管理体制。出台了《重庆市人民政府关于贯彻国务院加强测绘工作意见的通知》《重庆市地理信息公共服务管理办法》《重庆市测绘事业发展暨地理信息基础设施建设第十二个五年规划》（2011年）等政策性文件。在全国率先成立省级测绘地理信息执法队伍，每个区县均成立了测绘管理科，完善了区县的测绘管理和执法队伍。成立了遥感中心、地图编制中心、GIS工程中心等一批机构。

大力加强基础测绘工作。全面建成现代测绘基准体系；完成了1∶500地形图、地下管线覆盖640平方千米，1∶2000地形图覆盖4473平方千米，新一代数字化1∶1万比例尺地形图覆盖全市，在西部率先实现了1∶1万比例尺数字化4D产品全覆盖。0.6米分辨率卫星影像覆盖2.7万平方千米，30米分辨率卫星影像覆盖全市。形成了多源多尺度的影像数据获取机制；完成了"千村推进、百村示范"的新农村建设地形图制作和"一镇一图"项目，成为中西部首个实现镇、乡、街道地图全覆盖的省级行政区。

全面推进地理信息公共服务平台建设。2007年在全国率先构建了面向全市的地理信息公共服务体系。在2011年率先出台了省级的《重庆市地理信息公共服务管理办法》和配套的《重庆市基础地理信息电子数据标准》等地方标准。党的十七大以来，建成全国首个省级地理信息公共服务平台；在区县城市启动和完

△2010年4月13日，国家测绘地理信息局副局长李维森和重庆市副市长凌月明共同开通我国第一个省级地理信息公共服务平台——重庆市地理信息公共服务平台

△2009年3月3日，重庆率先启动无人机遥感获取
与应用试验，并取得成功

成数字永川、数字长寿等地理空间框架建设试
点项目，数字黔江稳步推进；建成了分类分发
服务机制和基础地理信息成果目录发布系统。

进一步拓宽测绘地理信息事业服务领域。
建成了重庆市应急地理信息系统、重庆市三
维地理信息系统、重庆市综合市情系统、三
峡库区综合信息空间集成平台、重庆市地理
信息公共服务平台等重点应用系统；建成了
都市区城乡规划遥感监测系统等近十个重点
行业地理信息应用服务工程；在全国率先授
牌成立了重庆市应急救援地理信息服务队；

建成"天地图·重庆"、数字重庆、重庆印象
等互联网地图网站，编制完成了《重庆市地图
集》等百余种地图产品。成立了西南地区首家
专业地理地图书店，不断满足了市民公众对测
绘地理信息产品的需求。

积极开展科研及应用推广。近年来陆续完
成国家"863"、科技部、交通部及重庆市等一
系列科技攻关项目，参与十余个国家标准的编
制。完成国家发改委国产卫星产业化、国家测
绘地理信息局地理国情监测试点等重大工程。获
得省部级以上奖项一百多项，重庆市地理信息公
共服务平台获中国GIS优秀工程金奖，《重庆市
地图集》获2008年裴秀奖金奖。二十多个应用项
目获省部级科技进步奖和优秀工程奖。

优化人才结构，促进人才成长。大力开展
人才培养工作，在2011年全国第一次注册测绘
师资格考试中，全市八十余人通过考试，通过
率位居全国前茅。在全国首届及第二届测绘地
理信息行业职业技能竞赛中，重庆市规划局组
织人员参赛，分别荣获团体第一和第二的优异
成绩，选手李维平被授予全国五一劳动奖章，
5人被评为全国测绘技术能手。

▽2012年5月30日，扈万泰局长（右四）在巴南区指导测绘地理信息工作

四　川

以进促稳　领先发展

党的十七大以来，四川测绘地理信息工作坚持科学发展、按需测绘，坚持基础先行、改革创新、统筹兼顾。基础测绘工作稳步开展，服务能力不断增强；保障服务及时有效，社会影响显著提升；测绘技术装备不断进步，信息化测绘体系建设加快；测绘法制逐步健全，依法行政得到加强；各项工作协调发展，和谐测绘迈出新步伐。

落实机构职责，统一监管明显加强。管理机构职责逐步落实。经过省局的指导督促、各市（州）测管部门的汇报争取，全省21个市（州）的测绘地理信息行政管理职责全部落实，181个县（市、区）中的140多个县（市、

区）明确了行政管理部门，11个市州挂了"测绘管理办公室"牌子，9个市州挂了"测绘局"或"测绘管理局"牌子，成都市温江区成立了全国首个县级地理信息局。

发挥优势作用，保障服务成效显著。全省测绘地理信息行业单位围绕工作大局，积极开展测绘工作，主动提供保障服务，充分发挥了测绘地理信息工作的基础、先行作用。为天府新区规划、省"十二五"规划、"五大经济区"规划、成渝经济区规划、天府新区规划测制3000平方千米1∶1万地形图、提供7000平方千米1∶5万地形图，为藏区维稳工作制作了《阿坝县地图》《阿坝县城影像图》，为省委

▽2009年5月18日，四川省省委书记刘奇葆（右三）、省长蒋巨峰（右二）一行参观藏区牧民定居行动测绘服务保障展区

省政府、省级各部门、各市州提供了《四川省领导工作用图》和基础地理信息数据，为省委宣传部制作了《三基地一窗口总图》等灾后重建宣传专题图，与省委宣传部共同编制、发布了《回望历史、红色记忆》《气壮山河、灾后重建》等3种红色地图，引起广泛关注。

保障经济社会需求切实有效。2011年为铁路、石油、地矿、水电、交通、林业等各行业提供各种比例尺地形图7486张、GPS点76点、三角点2520点、水准点1443点，地图缩放回放、专题图制作400余幅，还提供大量其他基础地理信息数据。保障服务的范围涉及国民经济和社会发展的各个领域，包括国土"二调"等重大工程建设、社会主义新农村建设、第二次全国经济普查、第三次文物普查、环境监测、通讯建设与管理、石油天然气开发、森林防火、卫生防疫以及国防建设等。

提供应急测绘快捷及时。初步建立了应急测绘保障体系，建成了应急影像快速获取以及快速纠正处理系统、地图数据快速更新系统、应急图件快速出图系统、数据快速传输及存储系统。低空无人机飞行60多架次完成了1500多平方千米航空影像获取，为突发事件应急处置、抢险救援、川西草原防火指挥、公安地理信息系统、山洪灾害防治及防汛预警系统等提供了及时、急需的基础地理信息保障服务和测绘技术支撑。

抓好基础测绘，保障能力得到提升。编制了《四川省"十二五"基础测绘发展规划》，开展了西部测图工程、"927"一期工程、1：5万数据库更新工程、省级基础测绘专项等重大测绘项目，丰富了基础地理信息资源，增强了保障能力。

灾后重建测绘专项胜利完成。"四川汶川地震灾后恢复重建测绘专项建设工程项目"于2008年立项，由四川测绘地理信息局牵头实施，已全面完成建设任务。按照"边建设边应用"的原则，主动将项目成果提供各级政府、

△ 2012年2月10日，马赟局长（中）赴局定点帮扶的雅安市碧峰峡镇八家村扶贫

各部门、各援建省市使用，为完成灾后恢复重建"力争在两年内基本完成原定三年的目标任务"的要求提供了切实有力的保障服务，并在灾情监测与评估、灾区数字城市建设、测绘应急保障体系建设、灾区地理国情监测以及映秀、清平山洪泥石流灾害抢险救援、卫生防疫、草原防火等突发事件应急处置等方面发挥了重要作用。

省地理空间基础框架建设竣工。项目建设成果为全省政府规划决策、重大工程建设、社会主义新农村建设、突发事件应急处置、藏区维稳、防灾减灾特别是在"5·12"汶川特大地震的紧急救援和灾后重建工作中，提供了及时、急需的基础地理信息保障服务和测绘技术支撑，成效显著，反响良好。

市县基础测绘工作取得新的进展。各市（州）开展了城市坐标系统清理和改扩建、航空航天遥感、1：500～1：2000地形图测绘、地下管网探测、地籍调查、数字城市地理信息公共平台建设等基础测绘项目建设。19个市（州）和部分县完成了基础测绘规划并展开项目建设。成都市完成了市域航测项目，编制了天府新区影像地图。德阳市投入1.4亿元开展全域1：500地籍测绘。广元市投资1000多万元开

展地形图测绘、2000国家大地坐标系建设、主城区地下综合管网探测、数字城市地理信息公共平台建设等项目。南充市基本实现建成区地下管线勘测全覆盖。资阳市投资1200多万元开展大比例尺测图、公路联网测绘等工作。泸州市投入200余万元建立了中心城区地理信息数据库。乐山市完成了中心城区3D数字城市地理信息系统建设，投入500万元开展地形图修测和更新、地下管网普查，县级投入205万元开展地形图测绘。宜宾市投入560万元开展基础测绘工作。

推进平台建设，服务模式不断创新。大力开展数字城市、四川天地图、监测地理国情三大平台建设，为提高城市综合管理水平、提高百姓生活质量、提高领导决策水平提供了综合、便捷、有效的测绘地理信息服务。数字城市建设积极推进。按照国家局开展数字城市建设的统筹部署，启动了15个市州的数字城市建设，已全面完成绵阳、广元等八个城市的数字

△2007年11月，川测一院开展西部测图外业工作

▽2008年7月，川测三院开展西部测图外业调绘

△ 2008年1月11日，在中越勘界云南段作业的川测三院第五组和越方一起在普梅河谷底作业，突遇河水暴涨，紧急撤离

城市建设，正在开展成都、雅安、南充等七个城市的数字城市建设。四川天地图建设步伐加快。完成了省级节点建设、启动了市级节点建设工作，建成了数据体系、服务体系、软硬件基础设施在内的在线服务平台，提供了地图浏览、地名查询、最短路径分析、目录查询等地理信息服务，可以直接调用天地图主节点提供的地图浏览等服务以及全省已建成数字城市发布的地理信息服务。加大了推广工作力度，在规划、环保、国安、民政等部门得到了应用。地理国情监测初见成效。完成了全省行政区划、地形地貌、水系流域等重要基础地理省情的现状分析，在此基础上，对四川"十二五"期间开展地理国情监测工作作了进一步研究、探讨。去年9月，国家测绘地理信息局与四川省政府签订了《合作开展四川汶川地震灾区发展振兴与防灾减灾测绘保障协议书》，四川与陕西、浙江、重庆等省市一起成为开展地理国情监测的试点地区。四川测绘地理信息局按照要求，积极开展了汶川地震核心灾区地理国情监测试点工作，对核心灾区的基础设施分布及变化、城镇化进程、地质灾害、水库堰塞湖分布及变化、人文经济信息分析、植被损毁及修复等进行了监测。

推进产业发展，增长速度持续加快。代省政府起草了《四川省人民政府关于推进地理信息产业发展的意见》。在省内并赴北京、湖北、陕西等地开展了地理信息产业发展专题调研，召开了产业发展研讨会，加强了产业发展政策、信息资源整合、推进集群化发展和优化市场环境等方面的研究，提出了发展思路和政策措施。产业发展思路基本明确。四川测绘地理信息局正在开展全省地理信息产业园区建设的调研、规划工作，目前已与有关部门和政府积极接洽，达成了初步意向。

贵　州

科技引领　推动跨越

党的十七大以来，在国家测绘地理信息局的统一部署下，在省测绘地理信息主管部门贵州省国土资源厅的领导下，贵州省测绘地理信息工作以科技为引领，推动跨越，取得了明显的工作成效。

科技先行，推动测绘地理信息科技进步。利用无人机低空遥感技术取得成效。参与研制开发了无人飞行器遥感监测系统，并联合进行了多次验证航拍和示范应用。目的是为国土资源调查、土地利用执法检查和矿山资源监测等提供从影像获取、数据快速处理、变化信息自动提取到报告数据自动生成等全套解决方案和技术流程，推进国土资源管理工作的技术进步。

数字城市建设有序推进。目前，贵州省的

数字城市地理空间框架建设试点工作在国家测绘地理信息局的领导和支持下大力推进，9个地州市中先后有8个启动了这项工作。数字遵义在2010年3月18日得到国家测绘局试点立项批复，2012年7月底将提交验收。数字贵阳、数字毕节于2011年1月13日得到国家测绘局试点立项批复，已完成这两个城市的项目设计书的评审和三方协议签订，目前正在积极建设中。六盘水市、兴义市也都已经完成项目设计书的评审和两方协议的签订。安顺市、凯里市、铜仁市也已经完成项目设计书的编制、评审。

加强行业管理，促进测绘地理信息事业

▽朱立军厅长（左一）在关岭地灾现场督促指导抢险救灾工作

△ 无人机起飞现场

发展。《贵州省测绘事业发展第十一个五年规划（纲要）》《贵州省"十一五"基础测绘规划》经省人民政府同意，省国土资源厅印发实施。同时，各市、州也编制了本地的"十一五"测绘事业发展规划和基础测绘规划，全省88个县均编制了地籍测绘规划，形成了以省级测绘事业发展规划、基础测绘规划为指导、市、州、县测绘事业发展规划、基础测绘规划、地籍测绘规划支持的测绘规划体系。"十二五"测绘事业发展规划和基础测绘规划也已通过专家组评审，目前正在报上级部门审批。

应急测绘保障服务水平增强。省、市、州级测绘行政主管部门成立了应急测绘保障领导小组，在2008年全省特大的雪凝灾害、四川汶川"5·12"大地震、"6·28"关岭县岗乌镇特大地质灾害中，为确保救灾工作对测绘工作的需求，坚持24小时专人值班制度。按照"什么时候需要资料，就什么时候保证提供"原则，紧急向中国南方电网公司、省应急办、省地震局等单位提供了应急图件。特别是在关岭特大地质灾害中，贵州省紧急将3架无人机调到灾区开展地质灾定监测，及时获取了灾区现势的影像资料，为抢险救灾发挥了重大作用。

测绘市场秩序进一步向健康有序规范发展。开展了测绘单位重复注册人员的清理，贵州省测绘资质标准经国家测绘地理信息局备案审批。会同省建设厅开展了全省房产测绘市场的清理整顿，有力地组织了地理信息市场、互联网地图、地理信息服务网站、地图市场的专项检查，开展了涉证、涉外、涉军、涉密等测绘行为的清理，完成了测绘资质的复审换证，强化了测绘成果资料汇交制度，"十一五"期间共汇交测绘成果近千项。加强测绘单位质量体系建设，乙级以上单位全面通过ISO9000体系认证，对省内部分测绘单位的测绘产品实行了强制性检验。积极与省财政、省物价部门沟通，得到大力支持，出台了测量标志迁建、测量标志有偿使用收费规费标准。开阳县测量标志产权登记试点完成。

测绘行政管理体制在改革中逐步完善。新一轮机构改革中，省国土资源厅恢复加挂贵州省测绘局牌子。按照基本统一、主体合法、职能落实、事权清晰的要求，遵义、贵阳、黔东南、安顺、毕节、六盘水等市、州国土资源局经当地编制部门批准加挂测绘局的牌子，其中，遵义市、毕节地区国土资源局正式挂牌，贵州省集地政、矿政、测绘管理为一体的国土资源管理体制日趋完善。

测绘单位从"十五"期间的247家发展到现在的372家，测绘行业职工达7000余人。有29项测绘项目被评为贵州省优秀测绘产品工程奖，全社会测绘地理信息服务产值从"十五"末期的1.6亿元，上升到2011年超过10亿元，测绘单位整体上实现了从求生存到求发展的转变。

云 南

辛勤耕耘　成就辉煌

党的十七大以来，在国家测绘地理信息局和云南省委、省政府的正确领导下，在云南省测绘局党组和全局干部职工的共同努力下，云南省测绘局各项工作在"十一五"时期均取得了辉煌成就。

测绘体制机制不断完善。党的十七大以来，云南省测绘局将体制机制建设始终作为工作重点，集中力量向州（市）、县（市、区）推进。现在全省16个州（市）、129个县（市、区）均已明确测绘行政主管部门，并有专兼职工作人员负责测绘行政管理工作。部分县（市、区）还单独成立了测绘管理中心、测绘管理科，初步形成了省、州（市）、县（市、区）三级测绘行政管理体系。

项目推动基础测绘高速发展。党的十七大以来，云南省测绘局陆续实施了数字安宁、数字玉溪、云南省地理信息公共服务平台及应用示范项目、中国（云南）——东盟自由贸易区——南亚区域合作联盟空间信息公共平台、云南省高程控制网、云南省大地控制网（GPS C级网）、云南省地理信息基础数据库等重大测绘专项。进入"十二五"，通过项目的实施，云南省基础测绘得到跨越式发展，1∶25万、1∶5万基础地理信息和2.5米分辨率卫星影像实现云南省国土面积全覆盖，1∶1万基础地理信息国土面积覆盖率提升至近87%，重点地区多次更新。目前，云南省测绘局在完成"天地图·云南"项目同时，着力实施

▽2010年8月21日，国土资源部部长徐绍史（左二），云南省省委书记白恩培（左三）、常务副省长罗正富（左一）在昆明查看怒江"8·18"特大泥石流灾害无人机航拍影像

△2011年5月，耿弘局长（左一）深入灾区现场指挥测绘应急保障服务工作

"万幅测图计划"，力争到"十二五"时期末，实现全省1∶1万基础地理信息国土全覆盖。

积极拓展服务领域测绘并保障迅速有力。党的十七大以来云南省测绘局积极拓展服务领域，测绘服务产值逐年跃升，到2011年底全省测绘服务总值已突破18亿元。云南省是自然灾害多发、频发的省份，历次重大自然灾害，云南省测绘局均迅速提供测绘保障服务。在怒江"8·18"特大泥石流灾害、盈江"3·10"地震灾害、晋宁"3·18"特大森林火灾、彝良"9·7"地震灾害发生后，云南省测绘局均派出应急测绘分队和无人机航摄小组，第一时间将影像资料提供给指挥部，受到国家、省及灾害发生地党委政府的高度赞誉。

▽2009年11月，云南省测绘工程院在德钦县白马雪山风雪中坚守控制点

西　藏

快速发展　多项突破

党的十七大以来，以改善测绘地理信息事业发展内外环境为突破口，以切实履行政府职责为出发点，以实现大规模开展省级基础测绘工作为目标，经过不懈努力和开拓创新，西藏测绘地理信息事业实现快速发展和历史性突破。

测绘统一监督管理得到不断加强。五年来，测绘统一监督管理工作不断得到加强，统一监管工作已步入常态化、规范化管理阶段，有效地维护了国家安全和促进了行业健康发展。

基础测绘和重大测绘工作取得突破。进入"十一五"后，自治区省级基础测绘实现了

从无到有的历史性突破。首先是《西藏自治区"十一五"基础测绘规划》通过政府审议，从2006年起，基础测绘纳入国民经济和社会发展年度计划。其次，实现了中央财政、地方财政对基础测绘经费零投入的突破和国家测绘局对西藏基础测绘的支持。在这些条件支撑下，"十一五"期间，西藏自治区测绘局全面启动自治区省级基础测绘项目，先后完成了1∶100万西藏自治区行政区划图、地形图、卫星影像图的编制、《羊卓雍湖水下数字化地形测量（前期准备工作）》项目、《西藏重点地区C级GPS网及三等水准测量项目》一期、二期工

△王维拉局长（左一）野外实地视察西藏重点地区C级GPS控制网及三等水准网测量项目建设情况

△青藏公路三等水准测量

程；已连续两年实施《一江三河河谷地带1∶1万数字地图航空摄影及成图》和《西藏自治区地图集》编制等项目；航天航空遥感资料获取取得实质性进展，加大与国家基础地理信息中心的联系，收集到大量的西藏遥感资料和数据，如西藏重点地区航空摄影数据、数码影像数据和满足基础测绘所需的大面积高分辨率卫星影像数据以及全区74个县城的0.6米卫星影像数据，同时，获取到涵盖全区的各类大地测绘成果数据和中小比例尺地形图；连续五年配合国家测绘地理信息局在西藏自治区开展"西部1∶5万无图区测图工程"，承担了"1∶25万数据库修编"和"1∶5万核心要素数据库境界更新项目""西藏自治区突发事件应急处置地理信息平台"等一批国家基础测绘任务。2010年，西藏自治区测绘局首次承担自治区级基础测绘任务——拉萨至林芝C级GPS网及三等水准测量项目。

测绘保障服务作用显著增强。五年来，西藏自治区测绘局积极推进服务型测绘建设，大力提高测绘公共服务水平，测绘保障服务能力不断提高，先后编制出版《西藏自治区地图》系列地图、《西藏自治区地图册》、全区74个《县（市、区）行政区划挂图、卫星影像地图》《领导机关工作用图》等。2011年，首次将无人机航摄系统应用在西藏地方经济建设重大工程项目建设。先后为全区、县、乡三级行政界线勘定、重大基础设施建设（青藏铁路、两桥一隧工程、机场改造）、全区草场承包、全区矿业权实地核查、全区二次土地调查等重大项目提供测绘技术

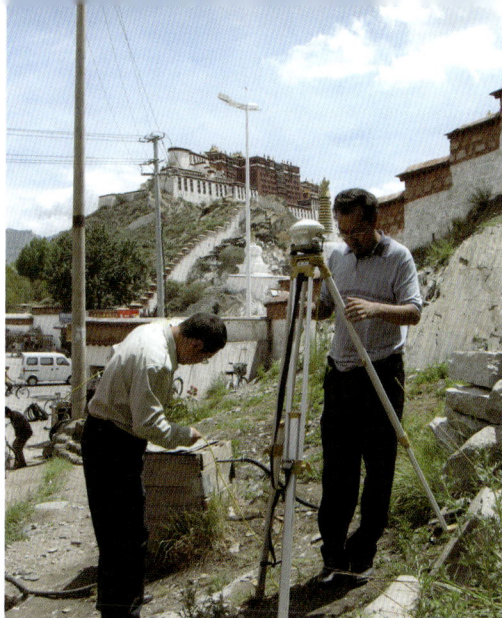
△拉萨市城区C级GPS控制测量

服务。在易贡特大泥石流灾害中，在"3·14"打砸抢烧暴力事件中，在那曲雪灾中，在当雄地震中，为政府、武警、公安部门等无偿提供测绘图件资料，为处置事件、抗震救灾提供了有力的应急测绘保障。开发了一批满足人民群众生活需求的地图，如西藏自治区旅游图、拉萨市旅游交通图、自治区地图册等公开版测绘产品，为社会大众，特别是进藏旅游者的日常出行、旅游休闲带来了便利。

测绘发展的内外环境得到极大改善。立法工作取得重大进展，2011年1月1日《西藏自治区测绘条例》颁布实施。2008年《西藏自治区人民政府贯彻落实国务院关于加强测绘工作意见的实施意见》和《国家测绘局关于加强测绘援藏工作的意见》印发。从2006起，西藏自治区测绘局充分利用国家对边远地区少数民族地区基础测绘专项补助政策，从中央财政得到了1680万元的专项经费，三年来，地方财政总计安排基础测绘专项经费1130万元。在国家和地方财政基础测绘经费的支撑下，国家测绘地理信息局又无偿地承担了西藏1∶1万基础地理信息数据采集及成图所需的航空摄影和卫星影像数据提供。自治区基础地理信息中心（大楼）建成投入使用，单位院落改造工程竣工，单位办公环境得到极大改善，职工生活设施水平不断提高。

团结奋进　勇攀高峰

党的十七大以来，在国家测绘地理信息局的正确领导下，陕西测绘地理信息局作为全国规模最大、工种最齐全的重要现代测绘地理信息生产与科研基地之一，始终坚持科学发展，开拓创新，继往开来，实现了"十一五"到"十二五"的辉煌跨越，为国民经济建设和社会发展作出重要贡献。

积极承担国家基础测绘任务。近年来，陕西局承担了国家西部测图、"927"工程、国家1∶5万更新、地心坐标系推广应用、新农村建设测绘保障示范、数字区域地理空间框架建设、灾后重建测绘保障、测绘与地理信息标准制修订等国家基础测绘和专项测绘任务，完成

全国三分之一以上国土面积的基础测绘任务和近百项国家重大测绘工程项目。在国家局和省政府的共同努力下，陕西作为全国第一个部省合作开展地理国情监测试点省份，开展了西安世界园艺博览会、陕西基本地理省情、渭河流域综合治理等地理国情监测项目，并向社会发布了首批监测成果。

积极服务地方经济建设。陕西局以《国务院关于加强测绘工作意见》为指导，开创以专项规划开展省级基础测绘的先例。建成数字陕西地理空间基础框架数据库，陕西省秦岭1∶1万地形图空白区测图工程的启动，将实现陕西省1∶1万省级基础地理信息数据全

▽2007年年底，国家测绘地理信息局西安外业生产基地建成投入使用

△武文忠局长（左二）检查《测绘法》宣传工作

覆盖。陕西局组织开发的一系列专题地理信息系统，为省"十二五"、关中天水经济区、西咸一体化等重要规划，为水利、交通、铁路、石油、民政等政府部门，为西气东输、南水北调、西咸新区、榆林能源化工基地等地方重点工程建设和社会各界提供了广泛的地理信息服务。完成数字西安、数字榆林建设，即将实现陕西省数字城市建设全覆盖，极大促进了区域地理信息资源的共建共享和社会化应用。完成天地图陕西省级节点建设并与天地图国家主节点实现聚合服务，上线运行公开版和电子政务版陕西省电子地图，实现陕西省地理信息服务"一张图"。编制出版《陕西省行政区划图集》《陕西省领导用图》《陕西省地图集》等地图产品千余种，测绘地理信息成果更加广泛地应用于领导决策和经济社会发展。装备无人机、地理信息应急监测车等高新装备的陕西应急测绘保障队伍，先后服务于汶川抗震救灾、玉树抗震救灾、陕南抗洪救灾及灾后重建、突发事件处置等。陕西局开发的地震救灾应急指挥技术系统、省应急

地理信息平台已应用于政府应急管理工作，为突发事件的预防、监测以及灾后重建提供了及时可靠的测绘支持。

科技创新能力日新月异。陕西局不断加强与高等院校和科研院所的合作，党的十七大以来，共承担国家"863"项目4项，国家测绘地理信息局科技项目21项，自立科技项目23项，1项获得国家科学技术进步二等奖，1项获得中华优秀出版物奖（省部级），2个项目获地理信息科技进步奖（省部级）一等奖，5项获得测绘科技进步一等奖。陕西局自主研发的地理信息空间数据处理与质检软件、相对重力测量外业记簿软件、实用化大地软件开发与集成、国家基本比例尺地形图地心坐标转换方法研究和我国参心坐标系测绘成果向地心坐标系转换研究等工具软件，已在生产中广泛应用，并在相关行业领域广泛推广应用，取得良好社会效益。

统一监管能力显著提升。全省建立起较为完善的市县级测管机构和人员队伍，与兰州军区

△ 2009年，国家测绘地理信息局局长徐德明向国测一大队授予集体特等功锦旗并送慰问金

▽ 陕西测绘地理信息局与相关单位联合研制的地理信息应监测车正式装备到位，极大提升了陕西地理信息应急服务保障能力

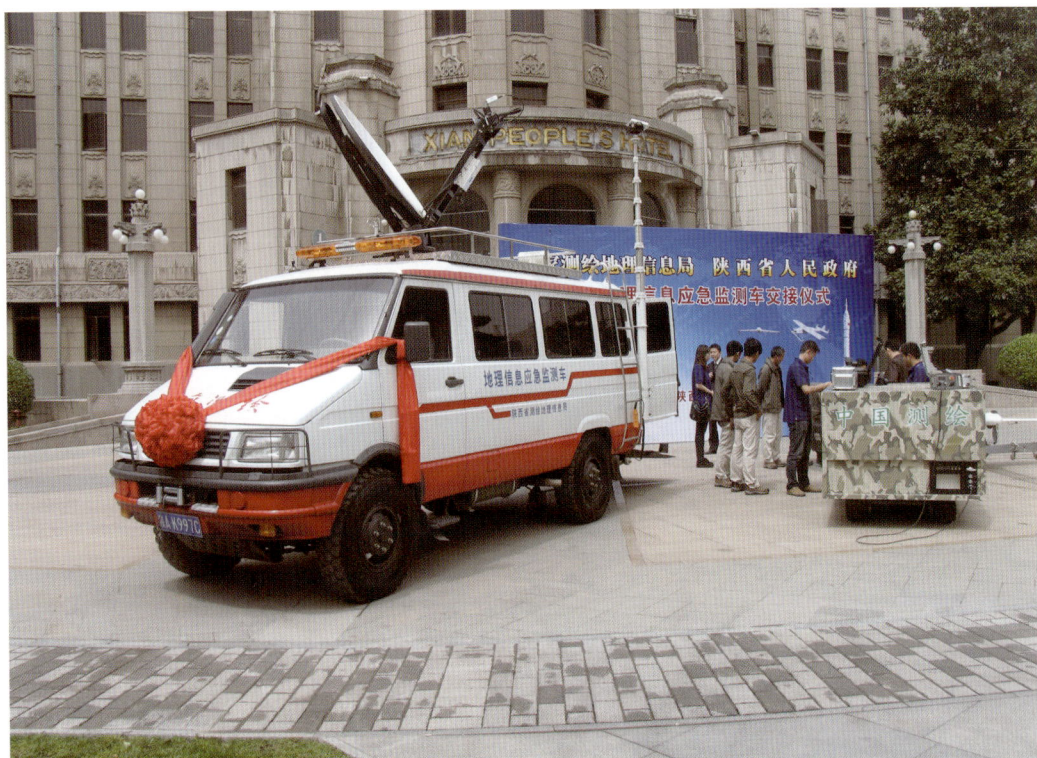

建立军地测绘合作机制，陕西省地理信息和地图市场、测绘成果质量、航空摄影和测绘地理信息行业监管能力大幅提升。中国原点测绘文化园和地理信息产业园开工在即，数以百计的地理信息企业的入驻，必将为陕西搭建一个政策优良、空间广阔、科技密集、竞争力强的高新技术发展平台。陕西局取得全国省级测管部门贯彻落实科学发展观考核第三名的优异成绩。

陕西测绘地理信息局将带领全省广大测绘地理信息干部职工，深入贯彻落实科学发展观，围绕"构建数字中国、监测地理国情，发展壮大产业、建设测绘强国"的总体战略和省委、省政府"科学发展、富民强省"的决策部署，解放思想、团结奋进、坚定信心，迎难而上，抓住机遇，锐意进取，服务大局、服务社会、服务民生，全面提高测绘地理信息保障能

△ 经陕西省政府批准，陕西测绘地理信息局向社会发布第一批地理国（省）情监测成果

力，以建设全国一流的测绘强局为目标，推动全省测绘地理信息工作实现新的突破，为建设西部强省作出更大的贡献，以优异成绩迎接党的十八大的胜利召开！

▽2012年7月，陕西有史以来投入量最大的专项测绘工程——陕西秦岭地区1：1万地形图空白区测图工程正式启动

能力提升　长足发展

统一监管能力不断提高。省、市两级政府都下发了关于加强测绘工作的实施意见。通过国家版图意识宣传教育和地图市场整顿、互联网地图整治、地理信息市场整顿等专项活动及涉密测绘成果保密检查和测绘产品质量监督检查，全省自上而下与工商、教育、新闻出版、公安、安全、保密、质量监督等十多个部门建立了联合工作机制，增强了执法能力，先后查处了一批测绘违法案件，净化了全省测绘地理信息市场。

基础测绘取得长足发展。大力实施《甘肃省"十一五"基础测绘规划》，截至目前，1∶1万省级基础测绘完成了城市、交通沿线和重点开发区15.95万平方千米和甘肃南部汶川地震灾后恢复重建测绘专项完成9.1万平方千米，共计完成25万平方千米。全省14个市州和县（市）都印发了"十二五"基础测绘规划，逐步形成了分级投入、分级管理、科学应用的模式。

"天地图·甘肃"上线，深化和扩展了测绘地理信息应用，提升了测绘地理信息部门的社会影响力；全省14个市州中，除酒泉、平凉和定西，其余全部都启动或完成数字城市地理空间框架建设。

保障能力和服务水平显著提升。坚定不

▽2010年8月8日，国土资源部部长徐绍史（左三）在舟曲灾区观看灾区三维地理信息演示

△ 2010年6月24日，缪树德局长（左三）深入陇南
山区调研慰问一线职工

△ 2007年11月，测绘队员在罗布泊地区作业

移走"科技兴测"之路，通过科技攻关，完成了一批在全国有较大影响的科研成果，降低了生产成本，提高了工作效率，其中《面向信息化测绘的摄影测量生产技术体系研究》和《甘肃测绘基准体系向2000国家大地坐标系转换的关键技术研究》，获中国测绘学会科技进步二等奖；"甘肃省政务地理信息平台""石羊河流域重点治理地埋信息系统""甘肃南部武都区地质灾害综合治理地理信息系统""甘南黄河补给与生态保护地理信息系统"的开发和明长城资源调查、西部测图工程等重大项目的实施，极大丰富了测绘地理信息资源，提升了服务能力，仅"十一五"期间，向3200多个部门和单位提供了大量的基础测绘成果，为经济社会发展和政府精细化管理提供了科学依据；在全国率先启动分市州地图集编制工作，截至目前已完成9个市州地图册编制；为省委省政府领导编制政务用图，并根据省委省政府的需求，适时保障政府用图，仅2011年，向省委办公厅、省政府办公厅等部门提供各种专题地图近40个种类800多幅。

应急保障坚强有力。在汶川地震、舟曲特大山洪泥石流及"5·10"岷县特大冰雹洪灾等自然灾害发生后，甘肃测绘地理信息工作者第一时间向各有关部门提供各种应急用图，并利用无人机等先进技术和设备积极测绘最新成果，这些成果在科学救灾、灾后恢复重建等各项工作中发挥了积极而重要的作用，甘肃局受到国家和省委省政府的高度评价。

发展环境不断优化。一是管理机制进一步健全。全省建立了省、市、县三级管理体制。省测绘局成立了甘肃省测绘技能鉴定指导中心，为正县级事业单位，同时在机关增加了纪检监察室。庆阳市在全省率先成立庆阳市测绘局。二是法制建设取得突破。2010年1月14日甘肃省人民政府第48次常务会议讨论通过了《甘肃省测绘成果管理办法》并于当年3月1日起施行；2012年3月29日，省人民政府第103次常务会议讨论通过了《甘肃省基础测绘管理办法》，并于2012年5月1日起施行。三是大力加强宣传工作，测绘地理信息事业发展空间越来越广阔；通过积极汇报和主动服务，得到了省委省政府的关心和支持，省委副书记刘伟平、常务副省长冯健身、副省长石军等先后对甘肃测绘工作作出指示和批示；积极加强部门合作和军地合作，先后同国土、地矿、公安、抗旱防汛、气象、电信、移动等部门签订了合作协议，深化了合作领域，拓展了测绘地理信息事业的发展空间。

青　海

满足需求　健康发展

党的十七大以来，青海省测绘地理信息局紧紧围绕全省国民经济建设和社会发展需要，承担并完成了大量国家和省基础测绘任务，认真履行并不断强化测绘行政管理职能，不断满足全省经济建设和社会发展及社会公众对地理信息的需求，促进了青海测绘事业的持续健康发展。

加强基础测绘工作，提升测绘保障能力。青海省基础测绘的投入机制初步建立，投入的数量也有了明显增加。2006年至2010年，国家和省财政累计投入基础测绘经费比"十五"期间增加了9.58倍。全省1∶5万地形图已实现省域全覆盖，1∶1万数字地图已测制1286幅，占必要覆盖范围的11.8%。加大了设备投入比重，引进和培养了大量专业技术人才，建成了数字化测绘生产基地，形成了以空间定位技术、地理信息系统技术、航空航天遥感技术、

计算机和网络技术为主要支撑的现代化技术体系。

测绘成果得到广泛应用。"三江源地区生态环境遥感动态监测地理信息系统""柴达木循环经济区地理信息系统"建成、应用。数字西宁地理空间信息公共平台开通使用。"十一五"期间，青海省测绘地理信息局共向社会各界提供各种基本比例尺地形图97720幅、各类挂图71849张、各类图册21000本、各类控制点7666点，这些成果广泛应用于我省藏区经济社会发展、生态保护、地质调查、农牧业综合开发、黄河流域水利水电开发等工程项目中。圆满完成了三江源头科学考察工作，填补了我国在这一区域内的测绘、重力等学科研究的空白。

测绘服务保障能力和水平得到显著提高。一是应急服务保障及时有力。面对兴海县肺鼠

▽董永弘局长（左二）亲切看望为东部城市群建设提供测绘保障的测绘队员

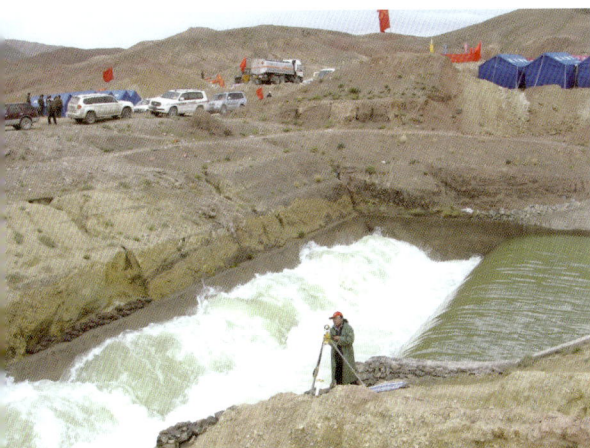

△2010年7月13日，格尔木市温泉水库出现险情后，青海省测绘地理信息局紧急提供测绘保障，确保水库安全

疫、玉树地震、格尔木市温泉水库出现险情等重大自然灾害的挑战，青海省测绘地理信息局不断强化应急保障能力，为各级政府应急处置提供了及时的测绘服务。特别是玉树地震发生后，青海省测绘地理信息局及时启动测绘应急预案，先后为省委、省政府，玉树灾后重建前线指挥部等相关部门提供了各类地图5120幅及500GB最新数字化成果，并紧急测绘近300平方千米的大比例尺地形图，为玉树抗震救灾及灾后重建提供了及时的测绘服务保障。二是服务区域经济社会发展积极主动。青海省测绘地理信息局为支持东部城市群建设，测制完成了海东和西宁市1∶1万比例尺地形图1万平方千米，实现了海东重点地区和西宁1∶1万地形图全覆盖。同时，在河湟谷地开展了2200平方千米的航空摄影测量。目前，已向海东地区提供1000平方千米的1∶500、1∶1000地形图。青海省测绘地理信息局还先后为省"十二五"规划、第二次土地调查、全国第三次文物普查、青海省主体功能区规划、三江源生态环境保护、青海湖生态治理、石油天然气开发、引大济湟、新农村建设、黄河谷地土地开发整理、城市规划和315国道改造、省域支线机场建设等国家和省内一批重点工程提供了及时的测绘

服务，有力地保障了青海能源、交通、地质、水利、国土资源、城市规划等工作的需要。三是进一步拓宽服务领域，丰富地图品种，制作了诸如《青海省地图册》《领导用图册》《青海省交通图》《青海游览》等多种图件，开通了"大美青海地图网"，拓展了生态监测、地理信息开发和房屋测绘等，以满足社会公众不断增长的地理信息需求。

推进依法行政，加强测绘统一监管。青海省测绘法规建设工作取得突破性进展。《青海省实施〈中华人民共和国测绘法〉办法》和一系列测绘规范性文件和行政规章的出台，为全省测绘地理信息事业的健康发展提供了有力的法律支撑。青海省测绘地理信息局积极履行测绘行业统一监管职能，先后组织了全省测绘成果汇交、测绘成果保密等多项执法检查活动，开展了国家版图意识宣传教育和地图市场监管、互联网地图和地理信息服务违法违纪行为专项治理和地理信息市场的专项整治工作，组织完成了国家、省内大中型测绘工程检验，开展了全省测绘行业资质持证单位的测绘成果质量年度监督检查。

▽2008年9月30日，三江源头科学考察队利用全球卫星定位系统为黄河玛曲源头定位

解放思想　锐意进取

党的十七大以来，宁夏国土资源厅（测绘地理信息局）将测绘地理信息工作作为经济发展和国防建设的基础性工作，深入贯彻落实李克强副总理的重要指示精神。坚持服务大局、服务社会、服务民生的宗旨，解放思想、锐意进取、主动服务，为自治区经济社会的跨越式发展作出了贡献，测绘地理信息事业发展思路更加清晰，统一监管力度不断加大，保障服务能力和水平快速提高，社会影响力大幅提升。

一是编制出台了宁夏基础测绘"十二五"规划，为自治区测绘地理信息工作指明了发展方向。二是不断推进数字城市建设。2010年，吴忠作为自治区的首家建设试点开始数字城市建设。三是加强天地图和宁夏地图网建设。按照国家测绘地理信息局关于建设天地图的总体要求，编制完成了"天地图·宁夏"子节点的可行性研究报告和建设方案。四是大力实施基础测绘项目。加大了基础测绘经费的投入，2011年底首次实现了全区1∶1万比例尺地形图更新的全覆盖。五是开展边远、少数民族地区基础测绘项目。完成了覆盖全区的B级GPS网点和高精度大地水准面精化工作。六是加快推进宁夏国土资源卫星动态监测基准网建设。完成了前期调研任务和初步设计，与自治区气象局提出了共建共享合作的初步意向。七是不断提高测绘服务保障水平。2011年，首次将无人机航摄技术广泛应用到生态移民、沿黄经济区等自治区重点工程项目和国土资源动态监督管理、地质灾害应急救援等方面。八是测绘行政管理体系不断完善。2009年，原自治区测绘局

▽2010年12月14日，数字吴忠地理空间框架建设共建共享合作协议签署仪式

△刘卉厅长（左二）在指导吴忠数字城市建设工作

并入自治区国土资源厅，加挂了自治区测绘局牌子，建立了新型的自治区级测绘地理信息管理体制，全面落实市、县（区）测绘行政管理职责。部分市、县（区）国土资源局加挂测绘局牌子，内设专业的测绘管理科（股、站、所），并落实了专职管理人员。九是测绘地理信息市场秩序逐步规范。完善了测绘资质管理的各项制度和审批流程，切实加强了测绘行政执法部门的培训工作。会同自治区国家安全厅等八部门持续开展了全区地理信息市场专项整治工作和"回头看"行动，全面整顿和规范了自治区测绘地理信息市场。十是加强测量标志保护管理工作。2011年，全面完成了全区22个市、县（区）的测量标志普查维护。

"十二五"时期，宁夏国土资源厅（测绘局）将按照《宁夏基础测绘"十二五"规划》的要求，紧紧围绕"构建数字宁夏、监测地理区情、发展壮大产业、建设测绘强区"的总体战略，更加注重地理区情监测，更加注重地理信息产业发展，更加注重天地图和数字城市建设，全面推动我区测绘地理信息事业又好又快发展。

△2011年全国测绘行业技能竞赛宁夏选拔赛

破解难题　再创佳绩

党的十七大以来，新疆维吾尔自治区测绘地理信息局紧紧围绕自治区改革、发展和稳定大局，深入贯彻落实科学发展观，转变思想观念，破解发展难题，狠抓工作落实，取得了新的佳绩，再创新的辉煌，测绘地理信息工作实现了历史性跨越。

一是完善管理体制机制，行政管理职能落实到位，机构建设取得重大进展。2007年12月，自治区测绘局由事业局调整为行政局。2011年12月，自治区测绘局更名为自治区测绘地理信息局。2012年2月自治区编办明确规定各地州、市、县（市、区）测绘局统一在同级国土资源局挂牌，更名为测绘地理信息局，并调整相应职责。截至2012年6月，全区14个地州市和78个县（市、区）成立了测绘局或测绘地理信息局，地州市测绘地理信息管理机构建立达到100%，县（市、区）达到79.6%，自治区、地州市、县（市、区）三级测绘地理信息行政管理体制基本建立，测绘地理信息行政管理机构实现了全区覆盖、上下衔接。

二是丰富地理信息资源，基础测绘投入再创新高，基础测绘工作稳步推进。2008年，自治区基础测绘经费投入从年均1280万元提高至2600万元，2011年达到8000万元。十七大以来，自治区财政累计投入22360万元，是十六大期间的2.9倍。全区1∶1万地形图覆盖范围累计达到42万平方千米，覆盖率提高至全区面积的25.3%。完成大比例尺地形图基础测绘任务786平方千米。参与完成国家1∶5万空白区测图工程新疆区域面积75万平方千米测绘工作，实现了全区1∶5万基础地理信息数据全覆盖。

三是推进经济社会发展，公共服务能力明显

▽2012年测绘法宣传日活动中，刘戈青书记（左一）、李全战局长（左二）向群众发放地图宣传品

▽野外出测

△新疆测绘地理信息局支援伊犁地震灾后重建测绘冬日大会战

增强，地理信息产品日趋丰富。全区已有11个城市开展了数字城市地理空间框架建设工作，"天地图·新疆"建设基本完成，并已与国家主节点实现了互联互通。立足自治区经济社会发展实际需要，开展测绘地理信息项目建设，完成中国陆地最低点吐鲁番艾丁湖海拔高程重新测定工作，更新出版汉、维吾尔、哈萨克文版《新疆维吾尔自治区地图集》，制作并更新《新疆概况》多媒体电子演示系统，建设完成自治区应急平台体系基础地理信息平台建设项目，《新疆维吾尔自治区资源经济地图集》历时三年出版发行，填补了新疆大型综合性专题地图集的空白。

四是维护国家安全和利益，地方法规体系不断完善，测绘统一监管成效显著。颁布实施测绘地理信息规范性文件12件。累计查处各类测绘违法案件21起，其中，5起案件被评为"全国十大测绘违法典型案件"，2起非法涉外测绘案件被评为国家"优秀涉外测绘执法案件"。加强测绘行业管理，规范市场准入行为，目前，全区测绘资质单位已达331家，与2007年末相比，增加25.4%，全区测绘从业人员达7000余人。

五是服务发展稳定大局，成果获取数据处理能力显著提高，测绘应急保障服务迅速有力。党的十七大以来，自治区测绘地理信息局围绕自治区经济社会发展战略部署，快速出图、快速供图，为自治区基础设施建设、矿产资源开发、生态环境治理等重点工程和反恐维稳、应急救灾提供高效适用的地理信息产品。2009年紧急制作并提供维稳处突工作用图，为平息乌鲁木齐突发事件提供了坚强有力的测绘地理信息支持；2010年紧急编制十九省市对口援疆示意图、对口援疆省市领导工作用图系列图册，并向相关部门和地州市无偿提供，为自治区各级领导、专业部门总体规划、宏观决策提供及时可靠的地理信息依据；2012年，自治区测绘地理信息局临危受命，打破常规，在寒冬腊月开展伊犁地震灾后重建测绘工作，为伊犁抗震救灾和规划重建作出重大贡献。

六是筑牢事业发展根基，测绘队伍素质整体提升，测绘文化建设有声有色。坚持德才兼备、以德为先的用人标准，干部队伍建设不断加强。测绘从业人员教育培训工作不断深入，十七大以来，累计举办各类培训班、报告会70余场次，培训各类人员9000余人次，并成功举办首届自治区测绘地理信息行业职业技能竞赛。扎实推进富有新疆特色的测绘文化建设，举办职工演唱会、图片展等各类文体活动，编辑出版2本职工文集。丰富测绘工作宣传的内容和形式，为测绘地理信息事业发展营造良好环境。

经纬赤子情

抓住机遇 成效明显

党的十七大以来，在国家测绘地理信息局、新疆生产建设兵团党委的正确领导和自治区测绘地理信息局的指导下，兵团国土资源局根据《新疆生产建设兵团基础测绘"十一五"规划》的总体目标和要求，科学制订年度计划，认真组织实施，兵团测绘地理信息事业稳定发展。

2007年至今，兵团测绘地理信息工作在基础测绘基准建设、重大工程测绘项目建设、地理信息系统平台建设等方面都取得了明显成效。完成了《兵团地理空间基础设施工程基础测绘首级GPS控制网项目(一期)》和《兵团地理空间基础设施工程基础测绘首级GPS控制网项目(二期)》2010年度项目，布设C、D级GPS控制点1430个，高程控制测量三等水准路线170千米，四等水准路线18000千米，建立起覆盖兵团绝大多数团场的大地基础控制网；实施了新建38团和224团测绘工程，完成线路测绘3200千米；完成了肯斯瓦特水利枢纽重点建设项目各种大中比例尺地形图和线路测绘；完成了伊犁河谷土地开发整理重大工程1：5000比例尺现状图736平方千米；完成了石河子城市部件普查，普查区域总面积约为25平方千米，包括5个街道，50个社区，划分万米单元网格

▽2012年5月17日，张新荣局长（前排居中）来36团米兰三级电站了解基础设施建设情况

△兵团GPS网测量

927个；完成了《兵团地理信息系统基础建设项目》建设，制作兵团基础地理信息系统一套，1：1万DLG、DEM、DOM数据各304幅，大地控制点数据950个，初步建立了兵团基础地理信息系统平台。这些测绘地理信息成果在兵团的经济建设、屯垦戍边、新型团场建设和改善人民生活水平等各个领域发挥着重要的作用。

领导的高度重视为兵团测绘地理信息工作提供了保障。特别是中央新疆工作座谈会召开后，国家测绘地理信息局在政策和资金上向兵团给予倾斜。2010年国家测绘地理信息局局长徐德明来兵团国土资源局视察，听取了兵团测绘工作的专题汇报，兵团测绘工作取得的成绩受到了徐德明局长的肯定。

在今后的工作中，兵团国土资源局进一步解放思想，开阔思路，着力转变观念，深化认识，抓住测绘地理信息援疆这一历史机遇，努力将兵团测绘地理信息事业发展水平推向新的高度。

△外业调绘

△石河子城市部件普查

做好保障　提高能力

党的十七大以来，青岛市国土资源和房屋管理局坚持以科学发展观为指导，紧紧围绕"服务大局、服务社会、服务民生"的工作思路，大力推进基础测绘项目实施，加快数字城市建设，认真履行测绘监督管理职能，做好测绘保障服务工作，不断创新管理理念和机制，推动测绘行业发展，努力提高测绘地理信息保障服务能力和水平，各项工作取得明显成效。

基础测绘投入逐年增加。逐步建立了较稳定的基础测绘投入机制，保证了基础测绘规划项目按年度有序实施。十七大期间，青岛市基础测绘项目共投入1.2亿元，是青岛市基础测绘项目投入最多的一个时期，建立了覆盖全市域的青岛市统一连续运行基准站系统，整

合了GPS测量成果、似大地水准面精化成果、水准测量等成果，完成了覆盖青岛市建成区1∶500、1∶2000地形图测绘及建库；完成了覆盖青岛市域和近海岛屿1∶5000、1∶1万地形图测绘及建库，获取了全市域2.5米和城区0.6米卫星影像数据、城区130平方千米三维景观、社会主义新农村建设保障项目等成果资料。丰富的测绘地理信息成果，为青岛市跨海大桥、海底隧道、世园会等重大项目建设提供了重要基础支撑，为提高测绘地理信息工作对青岛市经济建设的保障服务奠定了坚实基础。

服务经济社会发展。四川汶川特大地震灾害发生后，青岛市先后派出6批次9名测绘工作者参与青岛市对口支援北川灾区的临时安置房

▽陈培新局长（左二）视察测绘外业工作

△2011年12月4日，《数字青岛地理空间框架建设项目设计书》通过评审

建设的前期测绘工作，测制大比例尺地形图，布设控制网，为推动援建计划的顺利进展起到了重要的保障作用。为奥帆赛提供地理信息服务。2007年"青岛（奥帆赛）公众地理信息服务平台建设项目"与国家测绘局、国务院信息化工作办公室、青岛市人民政府共同签署奥帆赛公众地理信息服务平台建设共建共享协议书，合作完成了奥帆赛公众地理信息数据库开发、地理信息数据采集和更新、奥帆赛公众地理信息系统的建设工作，用于政府宏观决策。

加快推进数字青岛地理空间框架建设项目建设。2011年12月4日，《数字青岛地理空间框架建设项目设计书》顺利通过专家评审，项目设计书被国家测绘地理信息局罗建军副司长等与会专家评为"数字城市地理空间框架建设示范文本"。根据"边建边用、边用边建"的数字城市建设原则，青岛市相继建设完成了国土资源一张图基础服务平台、市住房保障中心保障性住房建设管理监控系统、市地税局地理信息税收管理系统、市规划局三维规划辅助决策系统、市发改委重点项目管理系统、市质监局组织机构代码管理系统、规划公示电子

地图、GPS车辆管理系统等八个典型应用示范项目，彰显出了投资成本减少、建设周期缩短，但管理效率和服务水平明显提升的应用效果，获得了应用单位的好评。特别是地理信息税收管理系统开创了山东省"以地控税，信息管税"的税收征管新模式，国家税务总局与国土资源部组成联合调研组专程赴青岛做专题调研，将该经验向全国推广。

△2008年6月29日，青岛市赴四川援建测绘人员在任家坪板房工地研究施测方案

数字大连　助推发展

党的十七大以来，在国家测绘地理信息局和大连市委、市政府的正确领导下，大连市测绘地理信息事业取得辉煌成就，特别是"十一五"基础测绘的全面完成，不仅使测绘科技取得了历史性突破，更使大连市测绘地理信息事业由数字化进入信息化时代，为数字大连建设奠定了坚实基础。

"十一五"基础测绘成果丰硕，涵盖了信息化空间数据标准建设、现代测绘基准体系、数码航空摄影、信息化空间数据采集、平台建设等五大方面。主要包括：组织实施了全市域、多分辨率航飞，形成了覆盖全市域、高分辨率的影像图；完成了1300平方千米重点城区

及花园口地区1∶500、2900平方千米金州以南及花园口地区1∶2000、200个中心村新农村试点1∶1000和14000平方千米全市域1∶1万地形图测绘及验收；全面加强测绘标准化建设，制订了《大连市基础地理信息数据库系统建设技术规程》《大连市地理空间框架数据标准》及数据共享服务规范等"三个标准、三个技术规范"；搭建了大连市基础地理空间信息"涉密版""政务版"和"公众版"数据库及数据共享服务平台；开展依托政府专网的数据共享示范应用建设；完成了《大连市影像地图集》制作及政府机关用图编制等。其中，大连市连续运行基准站综合服务系统（DLCORS）和基

▽宋继先副局长（左三）到测绘单位现场办公

于2000国家大地坐标系下的大连市独立坐标系等成果，建立了覆盖大连全市域的新一代高精度、三维、动态、实用的现代测绘基准体系，使用的理论、技术和方法科学先进，集成化程度高，具有创新性，被国内专家认定为国际先进水平。

"十一五"基础测绘特点鲜明。技术方面，国内首次将三线阵推扫式ADS40和ADS80数字航摄仪应用于全市域、多分辨率的航空摄影测量，提高了影像获取速度、测图效率和成图精度；首次将一等水准测量应用于城市测绘基准建设，建立了我国首个基于2000国家大地坐标系的城市独立坐标系统，同时构建了城市多套现行坐标系统与2000国家大地坐标系的转换关系，实现了大连地理空间基础框架的统一和共享；首次完成了地形图三维数据采集、编辑，并将三维数据入库，为数字大连的真三维场景建设提供空间基础。管理方面，政府组织、部门协作、专家领衔、甲级队伍实施，有力地保证了项目进程和成果质量。为做好"十一五"基础测绘工作，市政府专门成立了以主管副市长为组长的全市基础测绘工作领导小组。通过邀请式招标方式选择国内甲级、高水平的测绘队伍。建立了国内高水平的专家库，并通过实地调研、国内咨询和借鉴外地经验，建立起一套完整的从技术设计书到成果验收的工作模式。同时，鉴于测绘成果的特殊性，在省内率先采取了包括监理、安全生产、五级质量控制检查等措施，确保了数据安全和成果质量。

目前，大连市"十一五"基础测绘成果已广泛应用于全域城市化建设、公安警务、环境监测、旅游开发、应急保障、城管、土地、房产、城市重大工程建设等多个领域，并发挥着重要作用。而正在建设的数字大连地理空间框架更是"十一五"基础测绘成果的升华和提高，将为大连市建设富庶文明美丽的国际化城市提供重要保障服务。

△大连市连续运行基准站站点

△ADS40数字航摄仪

△大连市"十二五"基础测绘规划相关部门研讨会

加强力度　保障发展

　　加强领导，完善体制机制。加快测绘地理信息事业发展，重点在于完善测绘地理信息的体制机制，强化测绘地理信息统一监管，充分发挥各级测绘地理信息管理部门的积极性。一是完善体制机制。为加强测绘行业统一监管，进一步健全测绘管理机构，在2011年全市新一轮机构改革中，市规划局增挂了市测绘与地理信息局牌子，并进一步优化完善了测绘地理信息管理职能，各县（市）规划局也增挂了测绘与地理信息局牌子。二是组织召开全市测绘工作会议。2009年，市人民政府印发了《关于贯彻落实省人民政府加强测绘工作的意见》，并组织召开了全市测绘工作会议，对近年来测绘工作进行认真总结，同时对今后一个时期测绘工作进行全面部署。三是推进地理信息共享。2007年，市人民政府成立了由各县（市）、区政府和市政府各部门等35家成员单位参加的市地理空间信息协调委员会，并启动了市地理信息共享服务平台建设工作。

　　加强基础测绘，保障经济社会发展。测绘是一项关乎城市建设和谐发展，人民安居乐业的大事。近年来，宁波市加大财政投入力度，启动和完成了多个测绘地理信息重大项目。开展地下管线普查工作。完成了宁波市综合管线信息平台的开发建设和市区850平方千米范围1.2万千米管线普查及数据入库工作。开展现代测绘基准体系建设。完成了宁波市卫星连续定位系统、似大地水准面精化、基础高程控制网测量和市区地面沉降监测网等测量工作。开展海洋测绘工作。全面启动了陆海统一大地测量基准框架建设、水下地形测量、海岸带资源调查和滩涂航摄等项目。

▽李定邦局长（左三）深入一线指导工作

△ 宁波市召开地下管线普查工作会议

△ 2011年8月21日，宁波市测绘设计研究院无人机航摄队首次使用新购买的无人机为宁海县岔路镇规划采集地理信息数据

强化科技创新，促进测绘产业转型升级。以科学发展观为统领，大力加强自主创新，进一步健全测绘地理信息创新平台，为加快测绘地理信息发展方式转型和推动测绘地理信息事业发展提供了有力保障。开展三维数字地图建设。制订了三维数字地图技术规程，完成了市

中心城区217平方千米精细三维地图和全市域三维地图的制作。开展地理空间框架建设。编制了数字宁波地理空间框架建设项目设计书，并通过了国家局组织的专家评审。同时，构建了市地理信息共享服务平台，完成了电子政务地图、地名地址数据库建设，并起草了相关技术标准和规范性文件。开展"智慧位置"公共服务平台建设。编制完成了宁波市智慧位置公共服务平台项目建议书并通过专家论证，初步完成老三区数字侧视地图、数字实景影像等基础数据建设，构建了由阿拉图地球、阿拉图地图、阿拉图移动地图平台组成的基础平台。

加强统筹协调，提高测绘应急保障能力。加强应急管理，建立健全社会预警机制、突发事件应急机制，最大程度地预防和减少突发事件及其造成的损害，保障公众生命财产安全，维护国家安全和社会稳定。完善测绘应急保障体系。制定了市测绘应急保障预案，成立了市测绘应急保障领导小组，建立了市测绘应急保障专家库。开展测绘应急保障演练。通过演练对应急保障损案进行评估，对不符合应急要求的及时调整和完善，加强测绘应急保障经验交流。切实加强应急测绘能力建设。汶川大地震发生后，宁波市迅速组建援建青川灾区测绘工作队，圆满完成了青川恢复重建的测绘工作，市规划局被宁波市政府授予集体二等功。

▽ 2008年7月，宁波市规划局领导欢送宁波测绘队奔赴青川震区

科学管理　服务公众

党的十七大以来，深圳市测绘行业继续解放思想，加强测绘专业领域人才配备，为进一步做好测绘工作奠定了坚实的基础。在以"服务大局、服务社会、服务民生"为宗旨的指导思想下，紧密围绕国家、省关于测绘地理信息工作的精神，以深圳市测绘发展"十一五"规划为主线，加强领导，加大投入，各项测绘地理信息工作都取得了可喜的成就。

基础测绘工作取得重要进展。一是现代测绘基准体系建设逐渐完善。推进了深圳市连续卫星定位服务系统（SZCORS）建设和推广应用工作，SZCORS系统的用户已达120个；每年定期开展SZCORS的维护工作；重点加强系统的升级改造工作，优化系统服务功能，实现与省厅的联网工作，并实现了整个深圳的陆域全覆盖。SZCORS系统在应用方面，开展了似大地水准面结合CORS系统应用和"基于车载激光三维扫描的城市建模"等项目的研究。完成全市控制点普查工作，开展全市基础测绘成果向2000国家大地坐标系的转换，完成全市每月新供应用地的坐标转换和《深圳市土地利用总体规划空间数据库》整体坐标转换。二是地形图测制和更新工作成效显著。完成了1∶5000地形图全市范围更新，并建立了建成区1∶1000地形图及地下管线的动态更新机制。海岸带和海岛地形图测绘地理信息工作也取得突破，完成了内伶仃岛5.94平方千米控制网测量、1∶1000数字化地形图测绘、土地利用现状调查、基础设施调查和数据建库工作。从2006年起购买高分辨率的卫星影像，影像数据覆盖范围逐年扩大至全市范围，为城市建设、土地利用等动态监测提供了影像数据支持。

△2012年7月5日，王幼鹏主任（左二）率队到罗湖区二线插花地视察

△ 2011年8月9日，《深圳·香港地图集》发布会现场，薛峰副主任向香港特别行政区政府地政总署黄仲衡副署长赠送图集

成果开发与应用进一步深化。地形图、管线、遥感影像等基础测绘数据，不但在城市规划、土地管理工作中得到大量应用，也为城市工程建设、燃气、电信、供电等各行各业提供了基本地理位置信息服务。自2006年来，累计向社会提供地形图数据237245幅，管线数据88982千米，遥感影像数据7574幅，数据利用率100%，平均重复利用率也达到了300%以上。在公众版测绘成果开发与服务方面，编制了《深圳市城市指南图》《深圳地图》《深圳市写真地图集》《深圳市交通旅游图》等地图，并首次将"一国两制"下的深圳、香港两个地区作为一个制图区域、编制出版了《深圳·香港地图集》，促进了深港两地测绘领域的合作，及两地文化交流与经济社会发展。这些不同品种的地图，也为深圳2011年8月举办的第26届世界大学生运动会提供了重要的地理信息服务。同时，深圳市积极推进公众版测绘成果开发和网络分发服务系统建设，利用加密处理技术实现涉密的测绘成果公开化转化和利用互联网平台公布测绘成果目录。

地理空间框架建设获得突破进展。深圳市2010年7月被国家测绘局列为数字城市地理空间框架建设试点城市，同年11月通过国家测绘局、广东省国土资源厅的验收和正式开通。数字深圳空间基础信息平台建成了深圳市三大基础数据库之一的自然资源和地理空间数据库，包括系列比例尺电子地图、遥感影像数据库、公共设施数据库、统一空间基础网格数据库、统一地理编码数据库、全市建筑普查及三维模型数据库，以及结合社会经济统计信息建立的在线动态地图集数据库；完成了数字深圳空间基础信息平台建设，分别面向政府、企业、社会大众提供空间基础信息资源服务和相关技术支持。为促进该平台的推广和应用，制定了《数字深圳空间基础信息平台使用管理办法》。目前，深圳市有40多个部门通过政务内、外网及离线服务接入空间平台进行应用，在市工商、应急、环保等部门的应用取得了良好效果。

建成深圳市规划土地数字监察平台。为落实部、省、市关于加强土地督察和执法监察，建立综合监管体系的要求，深圳市于2011年建成规划土地数字监察平台，简称"天地网"。它通过对规划土地违法行为采用全方位的监测查处手段，建立了集"天上看，以创新卫片执法手段保持高压态势；地上查，以完善移动巡查体系提升执法效能；网上管，以数字技术整合执法力量规范执法行为；视频探，以建立视频监控网络实现'小探头，大监控'；群众报，以拓展公众参与渠道实现全社会监督"五位于一体的立体监控技术支撑体系，是深圳市规划国土综合监管平台的重要组成部分和先行工程。

△ 数字深圳空间基础信息平台开通

测以致用　全面保障

　　党的十七大以来，厦门市测绘地理信息行政主管部门认真学习贯彻《国务院关于加强测绘工作的意见》和中央领导对测绘地理信息工作的重要讲话精神，根据国家、省测绘地理信息局的工作部署，以厦门经济建设和社会发展目标为导向，以满足辖区经济发展、城市建设、国防建设和人民生活对测绘地理信息的需求为出发点，坚持"测以致用、全面保障、规范管理"的原则，加强基础测绘工作，构建数字厦门地理信息空间框架，为厦门经济特区发展建设提供可靠的测绘地理信息服务保障。

　　测绘地理信息行政法制建设成效显著。会同信息、财政部门联合印发了《关于统一购买卫星遥感影像数据的通知》《厦门市城市地理数据库数据共享管理暂行办法》《厦门市基础测绘专项资金管理暂行办法》等规章制度，确立了基础地理信息数据的共建共享制度，规范了基础测绘专项资金管理和基础测绘成果的使用管理，使基础测绘项目的计划、立项和配套经费得到制度认可和落实。2009年1月1日起施行新修订的《厦门市测绘管理办法》，进一步加强全市测绘工作统一监督管理，规范厦门市测绘活动，提高了测绘行政管理水平。深入开展国家版图意识宣传教育与地图市场监管、地理信息市场专项整治工作，与海关等部门密切

△厦门市国土资源与房产管理局林长树局长(前任局长，右二)、陈林灵副局长（右三）检查指导卫星影像图的编制

△航摄前准备

△地理信息系统已在国土、公安、民政等多部门得到广泛应用

配合，及时截获并依法查处销毁出口国外的问题地图等多起涉图案件，获福建省整顿和规范地理信息市场秩序工作先进集体等荣誉称号。

基础测绘工作全面扎实推进。组织编制《厦门市基础测绘"十一五"发展规划》和《厦门市测绘"十二五"发展规划》并贯彻实施，自2006年以来，基础测绘、第二次全国土地调查地籍精度测图和空间基础地理信息数据库建设共投入经费约6000万元。厦门市连续运行卫星定位服务综合系统、厦门市首级控制网改造及似大地水准面精化项目相继完成，建成厦门市现代测绘基准体系。建立了测量标志托管制度，对170个三等以上GPS控制点和二等以上水准控制点进行管护，在全省率先落实了测量标志属地保护。完成厦门市1:2000航空摄影测量项目，更新覆盖全辖域1700余平方千米。1:500、1:1000高精度数字地形图基本覆盖市、区城市建成区和重要区域300余平方千米，每年采购一版覆盖全市的高分辨率卫星遥感影像数据，多时相多尺度空间数据库建成，形成地形图及基础地理信息有计划的动态更新机制，较好地保持了空间基础地理信息的现势性。数字厦门地理信息服务平台建设全面启动，预计2012年内可上线运行。

测绘地理信息成果有效保障政府决策和管理。厦门市公众服务电子地图平台项目上线运行。编印10余个版本通用地图、影像图共43000余幅，《图说厦门》和《影像厦门》2种地图册各8000册，《厦门市国土工作用图》2500本，3个版本《厦门地图挂历》15000份，定制1000把"地图雨伞"，通过简易程序提供纸质地形图8500余幅，分发1:1000、1:5000"3D"数据和专题数据成果17万余幅，保障了全市各有关部门数十个事关国计民生的信息系统的正常运行，满足了200余个政府部门、企事业单位对测绘成果的广泛需求。

测绘地理信息宣传和理论研究取得成效。通过录像片、知识竞赛、报纸、地图、户外广告、手机短信等多种形式和手段开展测绘法律法规、版图知识宣传和测绘科普等活动。摄制了《为了世界上最美的赛道》（测绘保障厦门国际马拉松赛纪实）录像片，组织开展厦门"爱我中国——国家版图知识竞赛"活动，组织撰写了30余篇测绘主题宣传文章，局测绘地理信息系统在国内核心刊物公开发表学术文章28篇，《加强基础测绘的管理与投入，推进厦门地理空间框架建设》被评为第六届厦门市自然科学优秀论文三等奖。"厦门市城市三维地理信息系统"荣获2010中国地理信息产业优秀工程银奖，网站综合绩效评估名列2009年全国测绘系统网站第2名。

两岸四地　相互交流

不断加强与港澳台地区测绘地理信息部门和机构的交往，建立了与香港和澳门特别行政区政府测绘地理信息主管部门——香港地政总署测绘处和澳门地图绘制暨地籍局之间的互访关系，与港澳台民间测绘组织建立了广泛的交流与合作关系，增进了大陆同港澳台测绘界之间的了解和友谊，推动了两岸四地测绘地理信息事业的共同发展。

内地与香港合作开展了粤港陆地边界地区大比例尺测图项目，项目成果对粤港边界详细表述、粤港双方经济合作以及经济建设具有重大意义。内地与澳门共同开展了粤澳控制网联测工作，结束了长期以来澳门与内地测绘基准不统一、无法满足跨境工程建设需要的历史。

与港澳有关部门合作，国家测绘地理信息局第一大地测量队在香港实施了港深大桥首级控制网整网独立复核测量工作，在港澳两地实施了港珠澳大桥工程测量工作。中国测绘科学研究院、香港理工大学和中国土地勘测规划院联合成立了对地观测联合实验室，三方利用该平台开展合作研究与交流，推广研究成果。

由海峡两岸测绘界知名人士共同倡导发起的海峡两岸测绘发展研讨会，已成为大陆与港澳台测绘地理信息界之间定期会晤和交流研究的常态机制。研讨会三年一届，2007年和2011年分别在台湾和澳门举行。通过这个平台，两岸四地测绘界同行增进了解，共叙友谊，相互促进，共同发展。

△2012年2月14日，国家测绘地理信息局局长徐德明会见香港地政总署副署长黄仲衡

△国家测绘地理信息局局长徐德明出席第六届海峡两岸测绘发展研讨会开幕式并致辞

△国家测绘地理信息局局长徐德明在第六届海峡两岸测绘发展研讨会上与两岸三地测绘专家代表合影

美好蓝图 篇

测绘地理信息"十二五"发展规划的先后推出，描绘出测绘地理信息事业科学发展的美好蓝图。

展望"十二五"宏伟蓝图

"十二五"时期，是我国以经济建设为中心，坚持科学发展，全面建设小康社会的关键时期，也是深化改革开放、加快转变经济发展方式的攻坚时期。随着党和政府全面建成小康社会新的奋斗目标的提出和实施，人民生活水平和富裕程度大幅提高，测绘地理信息提供的服务领域不断拓展，测绘地理信息服务已经渗透到我国经济社会发展和人民生活的方方面面。同时，测绘地理信息事业发展正进入全面构建数字中国的关键期、测绘产品服务需求的旺盛期、地理信息产业发展的机遇期、加快建设测绘强国的攻坚期。我国测绘地理信息事业"十二五"各项规划的先后推出，描绘出了经济社会发展中测绘地理信息事业不断满足广大人民群众物质文化生活需要的新蓝图。

"十二五"时期，我国测绘地理信息事业坚持科学发展，坚持服务大局、服务社会、服务民生，围绕"构建数字中国、监测地理国情、发展壮大产业、建设测绘强国"总体战略，树立人才是第一资源、人才优先发展的思想，充分发挥测绘地理信息科技进步和创新的支撑和引领作用，不断丰富完善基础地理信息资源，大力加快现代化测绘基准体系建设，提高基础测绘水平，全面构建数字中国地理空间框架，建设功能齐全、应用广泛的地理信息公共服务平台，努力实现测绘信息化和建设测绘强国的目标。

"十二五"末期，建成数字中国地理空间框架和信息化测绘体系。自主创新取得突破，基本形成完善的测绘技术创新体系，形成一批具有自主知识产权的重大技术装备，测绘技术装备国产化率显著提高。地理信息获取接近实时化、处理自动化水平显著提高，完全实现地理信息服务网络化和应用的社会化。测绘地理信息公共服务水平有较大提升，初步形成规范的公共服务产品体系，实现基础地理信息服务方式向在线服务的转变。测绘应急保障服务能力大幅提高，机制基本完善。地理国情监测成为基础测绘日常业务，应急测绘机制和能力建设基本完成。地理信息产业实现跨越式发展。基本建立满足信息化测绘要求并适应社会主义市场经济体制的测绘管理体制、运行机制、法规政策和人才队伍。

（一）构建数字中国，提升服务保障能力和更新、开发、利用能力

加速推进测绘基准体系现代化。围绕形成以卫星定位连续运行基准站网和国家高精度大地控制网、新一代国家高程控制网和新一代国家高分辨率重力控制网为主干，构成覆盖全部陆海领土的基准体系，建设并整合全国卫星定位连续运行基准站网资源，形成分布合理、陆海统一的国家卫星定位连续运行基准站网。加快推进2000国家大地坐标系（CGCS2000）的推广使用。加强卫星大地控制网、国家高程基准建设，开展重力数据空白区测量工作。全面

完成国家似大地水准面精化任务。建立陆海统一的国家深度基准体系。全面改善国家重力基准的图形结构和控制精度，研制新一代高阶地球重力场模型。积极推进平面、高程、重力三网结合。建立健全测量标志保护机制，建设测绘基准数据处理和服务中心。

丰富和完善基础地理信息资源。提升卫星遥感影像获取能力，加强基础航空摄影工作。加强基本比例尺尤其是1∶1万及更大比例尺地形图测绘工作。完成"927"一期工程，加快二期工程的立项实施。深化测绘援藏、援疆工作，加大对边远地区、少数民族地区基础测绘投入。适度丰富和拓展基础地理信息要素类型，加快国家基础地理信息数据库的更新。全面完成1∶1万基础地理信息数据库建设，推进城镇建成区1∶2000基础地理信息数据库建设。逐步建立各级基础地理信息数据库级联更新机制。

开展全球测图工作。继续加强南、北极基础测绘。加强对全球热点和重点地区以及我国边境区域的基础地理信息的获取，建设覆盖全球的基础地理信息数据库，开展全球基本地形图编制。结合我国的探月计划，积极研究月球地形测绘和大地测量等方面的关键技术，建立月球地理信息数据库，研发数字月面模型等。

推进地理信息资源整合和数字城市建设。加快完成全国范围内基础地理信息资源整合，实现全国地理信息资源的标准统一、互联互通和协同服务。完善地理信息资源的共享机制。全面总结数字城市建设试点工作，在全部地级城市和有条件的县级市开展数字城市建设。基于互联网、物联网技术，实现数字城市的互通互联，开展数字省区地理空间框架建设推广和普及，推动数字中国、智能中国的建设。

（二）监测地理国情，实现由基础地理信息数据库生产向地理信息综合服务转变

充分发挥测绘技术、资源和人才的优势，对事关国民经济发展的重要自然和人文地理要素变化情况进行持续监测、统计和分析研究。及时发布地理国情监测报告，服务政府科学管理和决策，推进测绘实现由静态向动态、由时间点向时间段、由测绘地表形态向监测地表变化、由提供测绘成果向报告监测信息的转变。

做好地理国情监测信息统计分析。加强对现有基础地理信息数据库和各类专题地理信息的标准化整合，形成地理国情监测的数据本底。进一步加强地理信息资源的深度应用，深入分析地形地貌、地表覆盖、水系流域、交通境界、居民地等要素数据。紧密结合国家重大战略、规划和项目的实施，研究资源、生态要素等地理国情动态变化情况和经济社会发展要素的空间分布规律。开展主体功能区规划实施效果的动态监测工作。选择若干省份开展省级地理国情监测和分析，形成地理国情监测工作流程、指标体系、产品体系和服务能力。

建立健全地理国情监测工作机制。建立测绘地理信息部门与有关部门之间稳定的跨部门地理国情监测机制。调整重要地理信息数据审核和发布机制，强化相关职能，及时发布地理国情信息。探索建立社会经济信息地图发布平台。研究地理国情监测相关政策，制定地理国情信息分类和编码、技术规程、成果模式等标准规范。建设一支覆盖全国、满足地理国情监测要求的专业化人才队伍。

（三）发展壮大产业，着力地理信息新型服务业态建设，培养新的经济增长点

提高产业整体实力，拓展地理信息服务业务。深入挖掘基于位置的地理信息服务等方面的市场潜力，大幅度提高地理信息服务业务覆盖范围和市场盈利水平。加大地理信息技术与有关技术的集成应用，培育新的经济增长点。加大地理信息技术和位置服务产品在电子商务、电子政务、智能交通、现代物流等方面的应用；开发基于地理信息的电子游戏产品、地理信息电视频道以及基于物联网的位置服务产品等。加快现代测绘技术装备制造业发展。引导和推进现代高端测绘仪器及地理信息技术装备制造业的资源整合，形成若干自主创新、集成创新能力强的核心技术装备研发中心，促进技术装备制造业的合理布局。切实加强自主品牌构建，形成一批具有自主知识产权的测绘技术装备，推进"中国制造"向"中国创造"转变。

优化产业布局，形成完整、合理的产业链。扶植一批以地理信息数据获取为主营业务的企业加快发展，形成完善的企业化地理信息数据资源生产体系，大力提升自主获取能力。充分利用全球地理信息产业重新布局的有利时机，抓住发达国家不断向发展中国家进行产业转移的机会，大力发展数据加工等外包服务业务，不断拓展地理信息的应用服务新领域。根据现有产业技术和区位优势，在全国不同地区布局建设若干以地理信息技术开发利用、数据获取、数据加工、地理信息服务为主营业务的高技术园区建设，推动地理信息产业向特色园区集中，形成一批具有经济活力、市场竞争力、产业辐射力的地理信息产业集群。

完善产业发展政策，推动地理信息产业纳入国家战略性新兴产业规划。完善地理信息市场准入政策，根据产业发展需要及时调整测绘资质的标准和分类。建立健全地理信息产业执业资格制度。推进测绘地理信息事业单位改革调整，进一步营造公开、公平和竞争有序的市场环境。鼓励地理信息企业参与政府采购，推动企业自主创新产品在政府投资项目中的应用。科学调整地理信息保密政策，健全地理信息安全监管机制，创新地理信息安全保密措施和监管手段，完善企业使用基础地理信息资源的有关政策措施。通过设置相关示范推广和产业化推进项目等，对地理信息领域的品牌培育、技术创新、产学研平台搭建、成果转化等进行重点支持，努力实现重大测绘工程中国产

装备使用比例超过50%。

拓展公共服务产品覆盖面。大力开发公益性地图产品和测绘基准产品。在1：25万公众版地形图的基础上加快探索推出公众版地图产品。推出网络电子地图、三维数字地图和国家大地图集等产品。加强国家和区域测绘基准信息服务，推出深度基准以及精确定位、测速、授时等测绘基准公共产品。

以天地图为核心，全力打造世界级的中国地理信息公共服务品牌。全面提升天地图服务水平。按照政府规范、企业经营的原则，不断创新运行机制，整合全国乃至全球地理信息资源，进一步发展和完善公众版国家地理信息公共服务平台天地图。将天地图服务功能延伸到省级和市级，形成地理信息服务的合力。加大天地图推广应用工作力度，打造一个数据覆盖全球、内容丰富翔实、应用方便快捷、服务优质高效的测绘知名品牌，使其成为互联网内容服务的中国自主品牌。逐步形成基于新一代互联网、物联网等现代技术的地理信息在线服务能力。

（四）保障重点兼顾全面，统筹规划区域测绘地理信息建设实现协调发展

明确不同区域的发展重点。西部地区重点填补测绘"空白"，加强地理信息资源获取处理、测绘基准体系现代化建设，为国家西部大开发、兴边富民等战略的实施提供测绘服务保障。东部经济发达地区重点加强地理信息更新、现代化测绘基准体系维护，加速测绘生产服务方式的转变，推进地理国情监测工作，加强地理信息新技术、新产品和新设备的自主研发，大力发展地理信息产业，为国家东部地区经济结构调整和升级提供服务保障。中部地区重点加强地理信息资源建设，推动地理信息新技术、新产品和新设备的测绘成果转化和应用，充分挖掘人力资源和成本优势，发展劳动密集型的数据加工业，建设有特色的地理信息外包服务业，为国家中部地区崛起和东北等老工业基地振兴战略的实

施，提供更好的服务保障。

促进跨地区协作发展。大力推进跨行政区域的基础测绘协调，逐步建立起区域测绘稳定发展协调机制，全面发挥区域地理信息资源社会化服务的潜力和作用，促进区域经济健康发展。进一步加大区域测绘统筹规划工作，根据国家西部大开发、促进中部崛起、振兴东北等老工业基地以及长三角、珠三角、环渤海、海西等国家区域发展战略的总体要求，抓紧制定测绘保障服务规划，统筹区域内基础地理信息资源获取、处理及服务，按照统一标准、统一规划建设区域性地理信息公共服务平台，促进区域内地理信息共建共享和协同服务。进一步完善东北三省、西北五省、粤港澳、西南、中部等跨地区测绘联席会议制度，逐步建立跨地区测绘科技、基础测绘、测绘地理信息公共服务等方面稳定的合作机制，推进区域测绘协调发展。

强化对经济欠发达地区的支持力度。抓住当前国家大力扶持西部等经济落后地区发展这一有利时机，进一步加大对我国经济落后地区测绘工作的支持力度。继续做好边远地区、少数民族地区基础测绘专项补助经费有关工作，加大投入力度，引导地方政府增加基础测绘投入。进一步加大对西藏、新疆等地区测绘人才、科技等方面的支持力度。国家测绘重大专项的立项和实施工作中优先考虑西部地区的需要。加大东部地区测绘部门对西部地区测绘部门的对口援助力度，探索建立相应的稳定工作机制。

（五）实施"走出去"战略，进一步提升我国测绘地理信息的国际影响力和话语权

深化国际合作交流。加强与各国政府测绘管理机构以及相关学术团体的联系，建立互访机制，为测绘科技合作和人才培养搭建平台。加强与国际组织的联系，为我国测绘地理信息单位"走出去"承担国际合作项目和工程搭桥铺路。鼓励我国测绘地理信息企业到国外参展参会，为企业参与国际竞争、建立稳定的国际营销渠道创造条件。积极支持科研机构、高等院校和科技企业承担、参与全球及区域性测绘科技合作计划，与世界知名测绘科研机构、大学和跨国公司成立联合研究机构或进行其他形式的科技合作。积极争取测绘地理信息相关国际组织常设机构在我国落户。积极承担国际测绘地理信息标准制定工作，推动自主标准的国际化。支持我国测绘地理信息专家学者在国际组织和机构中任职，提高我国测绘地理信息的国际影响力。

优化"走出去"的政策环境。在中央和地方政府已经出台的企业"走出去"优惠政策基础上，研究制定鼓励测绘地理信息单位积极"走出去"的保障措施，在测绘资质、成果安全、科技支撑等方面营造良好的"走出去"政策环境。积极争取我国对外援助项目优先采用国产测绘地理信息产品和服务。建立"走出去"信息交流平台，为测绘地理信息单位"走出去"提供信息咨询。对测绘地理信息单位开展与"走出去"相关的法规和政策培训，培养一批熟知国内和国际商务规则的复合型人才。

提升测绘地理信息企业的国际竞争力。鼓励规模大、效益好、管理规范的测绘地理信息企业"走出去"，拓展相关业务，打造一批自主创新能力强、在国际上具有比较优势和国际竞争力的龙头企业、跨国企业和著名品牌。以地理信息产业园区为依托，努力打造国际地理信息数据加工等信息外包服务特色品牌。积极开拓国外地理信息市场，输出具有自主知识产权和高附加值的测绘地理信息产品、装备、服务、技术等，提高产品的国际市场占有率。强化品牌建设和宣传推介，逐步向国际测绘地理信息高端市场迈进。

寓军于民，实现测绘地理信息军民融合协调发展。深入贯彻落实党和国家关于军民融合发展的战略思想，加强军民测绘统筹、拓宽合

作领域、推进资源共享、促进科技合作，逐步建立平时和战时兼容兼顾、军队和地方互利互赢的军民测绘协作框架，切实推动军民测绘融合发展。

（六）理顺关系，建立高效统一的测绘行政管理组织体系

完善管理体制。推进测绘管理机构更名为测绘地理信息管理机构。强化地理信息获取、使用、协调、监管的相关职能。按照统一、有效、协调的原则，加强省、市、县三级测绘管理机构建设，深化层级监督。加快测绘地理信息事业组织结构调整，稳步推进事业单位分类改革，推动出版类单位转企，构建测绘生产、科研、成果管理和服务、产品质量监督、教育培训等业务分工明确、结构完整、布局合理、功能完善的测绘地理信息事业单位组织体系。

加强法规政策建设。启动《中华人民共和国测绘法》修订工作。制定和修订地图管理、质量管理、基础设施管理、资质资格管理、地理信息资源交换共享与安全管理、不动产测绘管理等方面的法规政策。指导地方测绘法规和规章的配套建设。加快制定卫星导航、卫星遥感等高新技术的应用政策，引导并规范其产业健康发展。

健全测绘管理运行机制。构建国家、省、市、县权责清晰、运行顺畅的测绘地理信息市场监管体系。建立市场动态监管机制，强化市场准入管理、测绘质量和成果安全管理，规范测绘地理信息市场行为。进一步加强测绘行政主管部门与法制、安全、工商、新闻出版等多部门的协作机制。健全测绘地理信息市场信用评定、分类和发布体系。完善外国人来华测绘管理制度，强化对外国人来华测绘的监督管理，加强外资进入我国测绘地理信息领域的管理。大力推进测绘地理信息部门电子政务建设。加强测绘执法机构、执法装备和队伍建设。深化测绘行政执法制度改革，更加充分地

发挥市、县测绘行政执法机构作用。健全测绘行政执法监督制度，规范测绘行政执法行为。

（七）大力发展和弘扬测绘地理信息文化，不断提升软实力

加强党的建设和宣传工作。以"创先争优"活动为契机，以"五型机关"建设和学习型党组织建设为重点，切实加强思想建设、组织建设、制度建设、作风建设和反腐倡廉建设。发挥宣传工作教育人、引导人，鼓舞人、激励人，提升人、塑造人，团结人、凝聚人的功能。以科普知识、树立典范、法律意识、职工风貌、成绩亮点等为主线，着力宣传、顺风造势，为测绘地理信息健康发展营造积极的舆论环境。加强宣传平台建设，注重发挥测绘报、网站的积极作用，扩大影响覆盖面。不断完善宣传工作体制机制，建立健全新闻发布、政务公开、信息公开、媒体协作等各项制度，进一步加强应急宣传工作，形成响应迅速、渠道畅通、发布主动、声音权威、引导正确的应急宣传机制。

促进测绘地理信息文化大繁荣。坚持以"热爱祖国、忠诚事业、艰苦奋斗、无私奉献"的测绘精神教育人、鼓励人，紧密结合时代特征与发展要求，不断丰富其内涵。大力开展"创建学习型组织、争做创新型职工"活动、测绘道德楷模评选表彰活动等，强化职工职业道德素质。树立测绘文化品牌意识，推动地图文化的发展与繁荣。以多种文艺形式创作测绘精神文化产品。深入开展健康有益、喜闻乐见的文体娱乐活动，丰富职工的业余生活和精神生活，不断增强职工的凝聚力、向心力。

　　《科学发展　跨越前进——党的十七大以来我国测绘地理信息事业辉煌成就》是国家测绘地理信息局为喜迎中国共产党第十八次全国代表大会胜利召开、全面展示党的十七大以来全国测绘地理信息系统辉煌成就而编写的一本图文并茂、具有纪念意义和历史价值的读物。

　　国家测绘地理信息局党组对本书的编写给予了高度重视和重要指导。国家测绘地理信息局党组书记、局长徐德明同志亲自为本书作序，并给予相关指导。国家测绘地理信息局党组副书记、副局长王春峰同志亲自担任编委会主任，党组成员、纪检组组长张荣久同志，党组成员、办公室主任吴兆琪同志担任编委会副主任，多次组织召开本书编委会工作会议，研究本书的相关工作。同时，本书的编写也得到了各地、各单位、各部门的大力支持。各省、自治区、直辖市、计划单列市测绘地理信息行政主管部门，新疆生产建设兵团测绘地理信息主管部门和国家测绘地理信息局直属各单位、机关各司局分别起草了相关章节，国家测绘地理信息局直属机关党委在本书的编写过程中承担了重要的组织协调工作，测绘发展研究中心承担了书稿的搜集整理工作，中国地图出版集团承担了印刷出版工作，在此一并致谢。

　　由于篇幅有限，本书只选取了各地、各单位、各部门具有重要影响和里程碑意义的重大事件，还有一些突出成绩和工作亮点没有入选，在此深表歉意。由于时间仓促，加之编者水平有限，难免有错误疏漏之处，敬请广大读者批评指正。

编委会

2012年8月